完美歐姆蛋的化學

從手沖咖啡到深蹲，
生活中無處不在的化學反應

凱特·比貝多夫 Kate Biberdorf　　著

廖亭雲　譯

It's Elemental
The Hidden Chemistry in Everything

獻給我的化學老師

凱莉・帕斯洛克（Kelli Palsrok）女士

目錄 content

序言

像我們這樣的阿宅可以真心誠意地對某個東西滿懷熱情。阿宅有權熱愛某個東西，就像在椅子跳上跳下、無法控制自己的那種熱愛。

……如果說別人是阿宅，基本上就是「你很喜歡某個東西」的意思。

——約翰·葛林（John Green）

在這本書開始之前，我想要先承認一件事。

我是個化學宅。

我是化學家，我先生喬許也是化學家，而且我們大多數的朋友也都是科學家。（當然不是全部，畢竟沒有人是完美的。）我因為主持過幾次以夸克（quark）為主題的輕鬆對談而略有知名度；我和喬許曾經在約會夜熱烈討論獲得諾貝爾獎的某個實驗中的參數，也曾經激烈爭辯元素週期表上的哪個元素最棒——絕對是鈀（palladium），想都不用想。

不過我知道不是每個人都像這樣。

說實話，**大多數**人都不是這樣。

化學確實有很難懂的部分，我的老天，基本上**科學**就是個很難理解的領域。實在有太多專有名詞和規則，一切都看起來複雜到不可思議。尤其化學更是如此，因為我們**看不到**任何化學。

如果是生物學，你可以解剖青蛙。

老師可以在現實生活中展示物理性質給你看，像是加速。

但是我卻沒辦法把原子放到你手上。

有時候，就連我的親友都不太懂我在做什麼。

我最要好的朋友雀爾喜就是最典型的例子，她超級聰明，理解一般化學，她在珠寶業的工作甚至還和化學有關。但是，雀爾喜從來沒有弄「懂」過我們的高中化學課在做什麼。在我深深著迷的同時，雀爾喜卻感到無聊又迷惘，當時高二的我一點都不瞭解她的感受。

但現在，我完全瞭解了，我幾乎每天都會看到像雀爾喜一樣的學生。

身為德州大學奧斯汀分校（University of Texas at Austin）的教授，我開了一堂叫做「情境化學」（Chemistry in Context）的課。這是基礎入門課程，專為將來應該再也不

會上任何一堂科學課的學生設計；你可以想像一下，主修英文的學生會想要修一堂可以拿到 C 又最簡單的科學課程，我開的就是這種課。

有一年，在上課第一天，有個學生問了有關夸克的問題，於是我開始離題，最後在五百名大一生面前對次原子粒子長篇大論。有些學生手忙腳亂地想要寫筆記，有一群學生只是盯著我看，臉上呈現各種驚嚇和恐懼的狀態，另外有些學生轉而用手機錄影，還有兩個女生緊抓著彼此。

這整件事本來可以變成趣談，但我卻嚇壞了幾百名願意給化學（還有我）一個機會的學生。大部分的學生都不知道我在說什麼，彷彿我說的是克林貢語（Klingon）。我敢說這種情況只會讓迷思更根深蒂固：科學就是無聊又難以理解。

所以用詞很重要——尤其是我們在討論科學的時候。

我剛拿到博士學位時，用電子郵件寄了一份論文給媽媽。幾分鐘之後，我媽打電話過來，我還來不及說哈囉，就聽到她的笑聲，完全不懂是怎麼回事。我寄錯附件了嗎？還是她剛剛看了很傻的貓咪影片？又或是不小心按到手機？

最後她上氣不接下氣地說：「凱蒂，我一個字都看不懂！ ass⋯napthyl 是什麼東西？」我媽笑得實在太過頭，沒辦法再說下去。我一頭霧水，我明明就跟她說過我的研究主題是什麼，為什麼她就是不懂？

於是我打開文件，讀了第一行：

六個新 1,2- 二氫苊基含氮雜環碳烯負載型鈀（II）催化劑呈現出合成和催化性質。可以使用 2,4,6- 三甲苯基或 1,2- 異丙 N- 芳基取代基，製造出二氫苊基碳烯。

那個瞬間，我全都懂了——我媽看到了什麼，我的學生聽到了什麼，還有雀爾喜感受到了什麼。我媽完全不知道我寫的 **1,2- 二氫苊基含氮雜環碳烯負載型鈀（II）催化劑**是什麼東西。

而且說實在的，她也沒有必要知道。（如果你好奇的話，這種類型的催化劑是用於影響製作藥品所需的化學反應。）

化學真的很酷，讚到驚天動地，但是化學家（包括我自己）卻經常用沒有博士學位就聽不懂的說法來談論科學。在這本書中，我要採取完全相反的做法。我的任務就是要讓我媽——還有各位讀者——暸解，為什麼我對化學充滿熱情，為什麼化學很迷人，為什麼化學讓人熱血沸騰，還有為什麼你也應該要熱愛化學。

我可以保證，接下來的內容不會討論到夸克，甚至不會提及任何科學方法。不過當你讀完這本書，你會對基礎化學

有一定的理解，也會發現化學無所不在，從你早上用在頭髮上的洗髮精，到傍晚美麗的日落。化學存在於你呼吸的空氣，這真的是和你的生命息息相關；化學也存在於你每天接觸和遇見的一切。你越是瞭解化學，就越能欣賞我們所在的這個世界。

只要現在看看你的周遭，眼前所見的一切都是物質，所有的物質都是由分子組成，而分子則是由原子組成。

這張書頁上的墨水是被紙張纖維吸收的分子，書背的膠不過是把書頁和書封黏在一起的華麗分子。化學無所不在，無處不是。

在前四章，我會先闡述需要具備的背景知識，你才能瞭解原子、分子、和化學反應的基本原理。你可以把這些內容想像成化學入門課，也可以想成是複習一下高中一年級的你在傳紙條給死黨時老師所教授的內容（對了，我敢保證，讀完這一節，你一定會終於「搞懂」原子是怎麼回事。）

本書的第二部分是關於日常生活中的化學，從早晨的手沖咖啡，到夜晚享用的葡萄酒。從早到晚，我們會進行各式各樣的活動：烘焙、清潔、烹飪、健身，甚至是去海邊。在過程中，你會學到在手機、防曬乳和布料等日常用品中運作的各種化學。

我之所以寫這本書，是希望讀者不僅能「搞懂」化學，

更可以對化學感到熱血沸騰。我真心期望你可以對自己周遭的世界有一些嶄新和意外的發現——而且你會想要分享自己所學到的知識，也許是對伴侶、小孩、好友、同事……甚至是在暢飲時段遇到的陌生人。

因為，我深深相信，一顆熱愛科學的心可以讓世界變得更好。

讓我們開始吧。

高中沒教的
化學

NOT YOUR HIGH SCHOOL
CHEMISTRY

1
小東西的重要性
原子

———

　　化學無所不在、無處不是。化學就藏在你的手機、你的身體、你的衣服和你最愛的雞尾酒裡！化學可以解釋冰是如何融進水中，也可以幫助我們預測兩種元素合在一起之後會發生什麼事，例如鈉和氯（暴雷預警：這兩種元素會變成鹽）。

　　不過，化學到底是什麼？

　　化學的專業定義是，對能量和物質以及兩者如何彼此互動的研究。在這樣的脈絡下，物質指的是任何存在的東西，而能量指的則是分子的反應性。（分子是組成物質的其中一種超級小東西，稍後我會再進一步講解。）

　　化學家一直以來都想要準確預測兩種分子之間的反應性──換句話說，就是預測當兩種化學物或物質合在一起會發生什麼事。所以化學家會提出各式各樣的問題，並且試著解答。某種化學物質會在室溫產生反應嗎？會發生爆炸嗎？

如果加熱，會促進新的鍵形成嗎？

　　為了解答這類問題，我們需要理解化學的基本原理。這表示我們得重返過去，因為化學是一門古老的科學，非常非常古老。

　　古希臘哲學家德謨克利特（Democritus）和留基伯（Leucippus）在西元五世紀提出假說：世界上的一切都是由極小的不可分割原子（atomos）組成。在一系列論文中，這兩位哲學家闡述了數百萬個不可分割原子會如何組合在一起，創造出我們在周遭世界所看到的一切，就像一堆樂高積木可以用來拼出不同的物件，例如一艘船，或是《星際大戰》裡超酷炫的千年鷹號（Millennium Falcon）。

　　雖然德謨克利特和留基伯的理論完全正確——如今他們也被譽為最先定義出原子這項概念的人物——但在當時，他們的理論卻不被接受。這是因為原子的概念和當時另外兩位哲學家的想法牴觸，也就是亞里斯多德（Aristotle）和柏拉圖（Plato），他們在那個年代來頭可不小。

　　亞里斯多德和柏拉圖認為，世界上的所有物質（也就是所有一切）都是由土、氣、水和火構成。根據這項理論，土具有冷和乾的性質；水是冷和濕；氣是熱和濕；而火則是熱和乾，而且世界上的一切都可以由這四種元素構成。這兩位哲學家也認為，世界上的任何物體都可以從土變成氣、

再變成火、再變成水，最後再變回土。舉例來說，根據他們的理論，木材燃燒之後，會從又冷又乾（土）變成又熱又乾（火）的物體；把火撲滅之後，燃燒殆盡的木材會變回土，因為灰燼又冷又乾。

然而，如果有人用水滅火，燃燒殆盡的木材就會變成土和水兩種元素的混合物。在這個例子中，燃燒殆盡又濕答答的灰燼會比單純的一堆乾灰燼明顯佔據更多空間。因此，亞里斯多德和柏拉圖推論，這表示只要改變組合方式，所有物質都可以無限變得更大和更小。

德謨克利特非常不認同這個概念，因為他認為東西變小的程度有極限。舉例來說，假設你把一條麵包切成一半，接著再切一半，然後不斷地切半，德謨克利特認為到最後，你會沒有麵包可切。當你沒辦法再切半，他深信那最後一小塊物體就是單個不可分割原子。德謨克利特的想法沒錯！

但話說回來，這於事無補，因為亞里斯多德可是當代的明星哲學家。當亞里斯多德對原子的概念嗤之以鼻，其他人也跟著這麼做。對我們現代人來說，這實在很不幸，亞里斯多德錯了，於是人類在接下來兩千年都是用錯誤的方式解讀這個世界，以為一切都是土、水、氣和火的組合。

仔細想想，**整整兩千年耶**！

一直到 1600 年代，才有人提出充分的證據，真正撼動

亞里斯多德的理論。愛爾蘭有位古怪的物理學家叫做羅伯特‧波以耳（Robert Boyle），他熱愛做實驗來推翻廣為接受的理論。他把矛頭指向亞里斯多德的理論，並寫了一本書反駁，世界並不是像希臘人所想的那樣，由土、水、氣和火組成。

事實上，波以耳的解釋是，世界是由元素組成，也就是無法分割成兩個更小部分的小型物質。聽起來很熟悉嗎？

波以耳的著作 —— 書名是相當貼切的《懷疑派化學家》（*The Sceptical Chymist*，現代英文是 *The Skeptical Chemist*）——出版之後，眾人開始爭相尋找元素這種微小、不可分割的東西。當時，波以耳認為常見的材質如銅和黃金都是由元素組成，不過就在他的書出版後沒多久，這兩種材質（和其他十一種）就被辨識和定義為元素。

舉例來說，早在西元前九千年，中東就有人開始使用銅，但一直到波以耳的著作出版之後，世人才開始更仔細地探究這種物質。關於元素的新概念問世之後，科學家開始認為銅並不是由元素組成，而是本身就是一種元素。

鉛、金、銀等也歷經相同的過程……前十三種元素就是這樣發現的。在這之後，科學家不斷尋找任何指向新元素的證據，於是在 1669 年發現了磷，接著在 1735 年又發現了鈷和鉑。

如今，我們已經確定元素就如同波以耳所描述的：經過化學反應後無法分解成更單純或更小物質的物質。我們也知道元素是由幾百萬到幾十億個非常非常小的物質組成，也就是原子（這個詞源於德謨克利特當初使用的詞「atomos」）。不過，一直到 1803 年才有人發現原子，發現者是英國科學家約翰・道耳頓（John Dalton）。

道耳頓的突破性發現經常被稱為「原子理論」（Atomic theory），他的假設是單一元素（例如碳）中的所有原子都一模一樣，而另一種元素（例如氫）中的所有原子也都一模一樣。不過，道耳頓沒辦法釐清的是，為什麼碳原子不同於氫原子，反之亦然。

儘管當時的科學家（還）沒有解開所有謎團，他們接受了原子理論，同時又想要推翻這個理論。（暴雷預警：他們失敗了，因為道耳頓從當時到現在都是對的。）接下來一整個世紀，科學家進行一次又一次的實驗，試圖找出道耳頓理論的漏洞，不過一直以來所有的資料都證實了道耳頓對元素中原子的假說。

後來，科學家三人組約瑟夫・路易・給呂薩克（Joseph Louis Gay-Lussac）、阿密迪歐・亞佛加厥（Amedeo Avogadro）和永斯・雅各・伯季里爾斯（Jöns Jacob Berzelius）踏上了極為痛苦的旅程，他們想要確立每種元素

的原子量——當時真是一片混亂。每一位科學家採用的方法
和標準都不同，每一位科學家發表的資料集都不一致。由於
情況實在太過混亂，科學界投票決定要聽從義大利化學家斯
坦尼斯勞‧坎尼乍若（Stanislao Cannizzaro），由他制定學界
實在非常迫切需要的原子量通用標準。

　　我當然帶有一點私心，但如果我是活躍於 1800 年代中
期的科學家，一定不會把任何一丁點時間花在研究這個概
念。我是熱愛拆解東西然後再拼回去的那種人，所以我絕對
會想要探究更宏觀的問題：如果物質可以分割成原子，那又
是什麼東西組成了原子？一直到今天，我還是不確定維多利
亞時代的科學家是受限於他們的技術，還是單純沒有興趣回
答這個問題。無論如何，一直到 1800 年代，約瑟夫‧湯姆
森爵士（Sir J. J. Thomson）才終於決定要深入研究原子是由
什麼組成，方法是利用陰極射線進行實驗。

　　為了做實驗，他把含有兩個金屬電極的玻璃管密封起
來，基本上看起來就像有蓋子的啤酒瓶裝了兩條細長的金
屬。在實驗中，湯姆森盡可能抽出玻璃管內的空氣，接著傳
送電壓經過電極。在他這麼做的同時，可以明顯看到電力從
一條金屬傳到另一條，而他把這種現象稱為陰極射線。

　　透過上述的測試，湯姆森得以確定陰極射線是受到正電
荷吸引，並受到負電荷排斥。更重要的是，他改變電極所採

用的金屬類型之後，發現不論是什麼元素，陰極射線都不會改變。

　　湯姆森極為滿意這樣的結果，因為他知道這代表突破性的發現。如果陰極射線不會因為元素或原子的種類改變，就一定意味著陰極射線是**組成**原子不可或缺的一部分——即便是不同元素的原子也一樣。然而，當湯姆森知道科學家同行約翰・道耳頓才剛剛說服所有人每一種原子都是獨一無二的，他很擔心——而且他擔心得沒錯——大家不會相信自己。於是，湯姆森繼續進行實驗。

　　經過各種複雜的計算，湯姆森發現自己使用的陰極射線，明顯比任何已知原子的質量都還要輕得多。就像如果你要測量家裡所有門把的質量，這個數字一定會比你家房子的總質量小非常、非常多。不論是你鄰居的房子、你父母的房子等等，都是相同的道理。湯姆森發現每一間「房子」（也就是原子）包含好多相同的門把，而且絕對比整間房子的質量還要輕。

　　就湯姆森的實驗來說，這表示他已經分離出原子中非常小的一部分。事實上，他發現的就是電子！這些小到不得了的粒子位於原子內部，而且帶有負電荷。

　　現在我要先跳過科學發現的歷程，直接告訴各位，原子是由三個部分組成：電子、質子和中子。質子（帶有正電

荷）和中子（你猜的沒錯，不帶電）位於原子核內（原子的中心），而電子則存在於核之外。換句話說，如果我的身體是一個原子，我的肝臟和腎臟就會是我的質子和中子。我的電子則會是任何在我身體之外的東西，例如夾克和手套。

而就像我可以很輕易地把夾克給別人，或是借別人手套，原子可以輕易地交換電子。另一方面，別人要拿走我的肝臟或腎臟可就不簡單了。這有可能嗎？有。歷經手術之後我還是同一個人嗎？不算是。基於相同的道理，要轉移質子是極為困難的事。

原子核裡的質子數量會決定元素的種類；舉例來說，碳原子的核絕對會有六個質子，而氮原子絕對會有七個質子。如果氮原子不知怎麼地失去了一個質子，這個原子就不再是氮，而是變成碳，因為碳有六個質子。這樣的過程——稱為核化學——並不容易發生。實際上，大多數時候必須要將額外的中子射入原子，才能讓原子發生核衰變。這種方法目前是用在核電廠來產生能量（也就是電力）。

雖然原子不會輕易增加或失去質子，卻很喜歡交換電子，原因和原子的結構脫不了關係。

請想像一下，在下雪的寒冷冬天，你會怎麼穿著打扮。如果你是一個原子，我們先前已經提過肝臟和腎臟會是核，也就是你的質子和中子所在的位置。不過現在讓我們深

入研究一下你身上一層層的衣服。最內層——你穿的發熱內搭衣——會是第一層的電子，襯衫和長褲是第二層電子，接下來則是夾克和滑雪褲。

位在「夾克」層——稱為最外殼層（或簡稱為外殼層）——的電子，在化學中佔有極為重要的地位。這些電子叫做**價電子**，也就是在化學反應中可以輕易與其他原子交換的電子。就像一層層的衣物在冬天寒冷的氣溫下保護我們的身體，外殼層會保護原子內部的東西——稱為內殼層——不受外力影響。

內殼層中的電子無法和其他原子產生反應，因為有價電子在外保護。就像你的同事沒辦法看到你的內搭衣，因為有襯衫或夾克「保護」。

這對原子來說效果很好，因為每一層的電子都是帶負電，所以會互斥，意味著原子中的每個電子層之間會一直保有小小的空隙——就像我們身上的襯衫和夾克之間總會有一點小空隙。

再比喻得深入一點，原子有大有小，基本上是取決於原子「穿了」多少層。就像是有些人必須穿好幾層，包得像顆球一樣才能在低溫的時候覺得暖活，有些人則是可以一年到頭都穿著短褲和涼鞋。相同的道理也適用於原子：比較小的原子根本不會穿很多層，而大原子則是穿了一層又一層。

每當我提到「價」電子，你只需要記得這就是位在原子外殼層的「夾克」電子。就像天氣好的時候你會脫下夾克，直接讓溫暖的空氣接觸肌膚，這類電子也隨時都準備好離開外殼層，並且和外力產生反應。

雖然聽起來難以置信，不過科學家直到 1932 年才理解我剛才解釋的原理。主要是因為科學家好幾個世紀以來都是與世隔絕地進行研究，而且可獲得的資訊有限（別忘了那時候可沒有網路）。在近代之前，化學一直都只是緩慢、單調的過程。但幸好，我們現在已經明白原子是由質子、中子和電子組成——而且電子可以輕易地在原子之間交換。另外，當時世界各地的科學家意識到，有必要用統一的方式來彙整每位科學家對每種原子有什麼認識。

於是，元素週期表就這樣誕生了。

元素週期表可不只是理化課會用到的參考資料；對於像我這樣的科學家來說，週期表是不可或缺的，因為只要瞄一眼就能知道關於個別元素的一切必要知識，包括元素的特性，以及這個元素的原子可能會如何表現和作用。

讓我們從基礎開始吧。最初在設計元素週期表時，需要為每一種元素指定化學名稱和化學符號。這乍看之下是蠻直截了當和單純的工作，但完全不是這麼一回事。實際上經常發生的狀況是，有兩個人大約在相同的時間發現——或宣稱

自己發現──相同的元素，卻命名成不同的名稱。於是問題就變成：正式名稱是什麼？你應該可以想像得到，當「所有顏色」（panchromium）被改名為釩（vanadium），或是「沃爾夫勒姆」（wolfram）被改名為鎢（tungsten）之類的情況發生，引發了非常多紛爭。

一直到很近期的 1997 年，美國、俄國和德國還為了序數 104 到 109 的元素名稱激烈爭吵。在 2002 年，國際純化學和應用化學聯合會（International Union of Pure and Applied Chemistry，IUPAC）總算終結了這些鬧劇，並且公布將來應該如何命名元素的建議。目前學界普遍都遵循這些建議，但要幫新的元素確立正式名稱還是有可能花上十年。

為每一種元素發明固定的化學符號則容易得多，因為符號就是化學名稱的縮寫。大多數的化學符號都很明顯易懂，例如 H 代表氫，或是 C 代表碳，但有些就沒那麼好猜了，鐵就是一個例子。鐵的化學符號是 Fe──源於拉丁文的鐵（ferrum）。另外兩種可能會變成猜謎之夜題目的化學符號，則是代表鎢（德文是 wolfram，英文則是 tungsten）的 W，以及代表汞（拉丁文是 hydrargyrum，英文則是 mercury）的 Hg。

每一種元素都有正式名稱和符號之後，會獲得原子序。原子序和原子核裡的質子數量相同：氫的原子序是 1，表示

原子核裡只有一個質子。目前最高的原子序是 118，這種元素叫做气奧（oganesson，Og），原子核裡有 118 個質子。

這意味著气奧在核之外一定也有 118 個電子，因為元素的原子序也代表核之外有多少電子。要記得的重點是，所有元素都是假設為不帶電，意思是核內的質子數量會等同於核外的電子數量。所以，如果我們認真去理解氫的原子序 1，就會知道這個元素內有一個質子，在外則有一個電子。如果要用比較專業的方式來呈現，核內的質子帶有一個正（+1）電荷，剛好抵銷掉負（–1）電荷，讓元素呈現不帶電（0）的狀態。气奧也是相同的道理（118 + –118＝0）。

可惜的是，中子卻沒那麼單純。每一個原子的中子數量都不同，即使是同一種元素的原子也是如此。因此，化學家決定要在元素週期表再加上另一個數字。所謂的原子量代表的是特定元素的原子核內有多少質子和中子，但和原子序不同的是，原子量通常都不是整數。這是因為科學家計算的方法是，將一個原子內經過**加權平均**的中子數量加上質子數量，來得出原子量。

一般而言，個別原子的質子與中子比例會維持在相對近似 1:1，這表示我們可以將原子序乘以兩倍來估算出原子量。舉例來說，鎂的原子序是 12，原子量是 24.31（12 個質子加上加權平均的 12.31 個中子），而鈣的原子序是 20，原

子量是 40.08（20 個質子加上加權平均的 20.08 個中子）。

不過，科學界就是這樣，每一種規則都有例外。例如鈾的原子序是 92，所以可以推測出原子量大約會等於 184，然而鈾的原子量卻是 238.03，因為鈾有好幾個含有數量不一中子的同位素。大部分的原子都和鈾一樣有好幾個**同位素**，而同位素指的是相同元素有兩個以上的原子含有不同數量的中子。由於同位素沒有「優劣」之分，我們會把所有原子分成同一類，然後直接算出中子的平均數量。這個平均數會用在標準的原子符號標示上，以鈾為例，我們會寫成鈾 -238，鎂和鈣則分別是鎂 -24 和鈣 -40。

同位素

我喜歡把同位素形容成有個性的原子；同位素指的是相同元素有兩個以上的原子含有不同數量的中子。其實同位素相當普遍，但是我們在教化學的時候通常不會強調這一點，因為中子不帶電。正因如此，中子不太會影響原子在一般化學反應中的表現。（相對的，我們會把重點放在有影響的部分：質子和電子。）

話雖如此，科學家還是針對已經發現的同位素歸納出特徵，我個人覺得蠻酷的。就像女神卡卡（Lady Gaga），同位素「天生完美」（born that way），而且原本就存在於地球上，只是多了幾個

中子。

碳就是很典型的實際例子：大部分的碳原子有六個質子和六個中子，不過有些碳原子的核裡原本就有七個或甚至八個中子。這些額外的中子未必會讓碳原子變得更容易產生反應或更穩定，但確實會讓碳原子變成同位素。

這就像兩隻大麥町狗可能乍看之下長得一樣，但其中一隻大麥町也許比另一隻多了幾個斑點。兩隻狗幾乎一模一樣，而且「額外」的斑點並不會影響狗本身或品種。同位素也是相同的道理──額外的中子不會影響原子或元素，甚至不會影響元素對於其他元素的反應性，只是多了一種定義而已。

科學家整理出每一種元素的化學名稱、化學符號、原子序和原子量之後，他們想要用某種方式來彙整元素，以便科學家預測化學反應性。他們需要知道每一種元素會如何反應，才能避免引發危險反應，像是製造出有毒氣體或把自己炸飛。因此最好的方式，就是根據原子的物理和化學性質來分類，接著辨識出原子之間的共同性。

很多人試過以有邏輯的方式為元素排序。德國化學家約翰・德伯萊納（Johann Döbereiner）曾試著把所有元素分成

三個一組，結果很快就注意到比較大的原子通常也比較容易爆炸。沒過多久，另一位德國化學家彼得・克雷默（Peter Kremers）又試著把兩個三元素組（triad）排在一起，拼成 T 字形。三元素組策略最大的問題在於，科學家必須記住非常多垂直的三元素組，而且很難比較每一組之間的差異。

　　不過有兩位獨自作業的科學家——德米特里・門得列夫（Dmitri Mendeleev）和洛塔爾・邁耶（Lothar Meyer）——發現其實可以直接依照漸增的原子量，將所有原子排在同一張表格裡。透過這個方法，他們把克雷默排出的所有相異的 T 字形三元素組拼在一起——像拼圖一樣——最後製作出史上第一張元素表。

　　門得列夫版週期表的特殊之處在於，其中包含了兩種「新」元素。拼湊週期表的過程中，門得列夫注意到已知元素的原子量有固定的模式，並且發現自己必須要在表格中留下空間，來填入尚未被發現的另外兩種元素。舉例來說，假設數學老師請你找出下列模式中缺少的數字：2、4、8、10。理論上，你應該會發現這個模式少了數字 6，完整的模式應該要是 2、4、6、8、10。

　　基本上門得列夫就是這樣發現的，他在好幾組價電子數量相同的原子中，注意到原子量的模式不太完整。因此，門得列夫提出了假設：我們尚未發現特定的元素，而且他有辦

法預測這些元素的相對原子量。門得列夫的直覺是對的。當鎵（Ga）和鍺（Ge）分別在 1875 年和 1886 年被發現後，門得列夫終於得到了遲來的讚譽：他是首位製作出真正元素週期表的化學家。

現在我們所使用的元素週期表就是以門得列夫的版本為基礎，包含七橫列、十八直行的小格子。每一個格子代表一種元素，並且有很久以前科學家用來標示元素特性的四種標準資訊：化學符號、化學名稱、原子序和原子量。由於有這些資訊在手邊，像我──還有你──這樣的化學家可以立刻判斷出原子的質子、電子和價電子數量。

週期表對科學家來說很重要，因為我們可以從中得知極大量的資訊，都是關於組成這個世界一切物質的元素。由於週期表實在太重要了，去年我任教的大學還辦了派對來紀念週期表的一百五十週年。我們做了元素週期表造型的杯子蛋糕，我表演了幾種科學實驗，我們學院的院長也發表了很動人的演說。這是我參加過最書呆子的派對，而且說真的，我愛死了這當中的每一分每一秒。

本書最後附有元素週期表，但如果你想要電子版，我強力推薦 ptable.com。在本書其他部分我會多次提到週期表，所以我也想要確保各位知道如何使用。這個表格會引導我們理解書中關於生理和心理健康的內容，當我們在分析日常生

活中會接觸到的化學，週期表也會扮演很關鍵的角色。我們需要知道元素在週期表上的位置，以及這和反應性之間的關係。瞭解週期表可以幫助你理解為什麼一定要使用相同品牌的洗髮精和潤髮乳，或者為什麼你做的蛋糕和電視節目《英國烘焙大賽》（*The Great British Baking Show*）上的作品看起來不太一樣。

　　讓我舉個例子吧。請翻到元素週期表（第 328 頁），然後找到位在表格左上角，標有氫的化學符號 H 的格子。仔細看 H 格子的左上角，會看到數字 1，這就是元素的原子序，而且這個數字一定會標示在格子上半部。在同一個 H 格子中，你應該也會看到數字 1.008，這是原子的原子量，而且一定會標示在格子的下半部。

　　你可能有注意到氫下方的直行比較大。元素週期表的每一個直行就是一個「族」，直行的數字代表的是每個元素所含的價電子數量。（別忘了，價電子位在外殼層，像夾克一樣。）

　　舉例來說，氫位在第一行，所以只能有一個價電子。基於相同的原因，鋰、鈉以及其他所有第一族的元素一定也只有一個價電子，這表示我們可以預期所有第一族的元素會在相同環境中有非常相似的表現。我可以肯定地告訴你，

氫（以及其他所有第一族的元素）喜歡把電子獻給其他原子，而且極度容易產生反應，但究竟是為什麼呢？

對於不是科學家的人來說，符合邏輯的推論會是，只有一個價電子的元素應該會竭盡所能地包護（和保有）唯一的價電子。不過，大部分原子實際上的運作模式卻是完全相反。事實上，電子會被從核往外推，很怪對不對？

讓我們更仔細地分析一下這個概念：我們已經知道核（你的肝和腎）帶正電，那麼電子（你的襯衫和夾克）就會明顯受到帶正電的核吸引。然而，當有越多電子加入原子，就越可能發生電子—電子互斥。換句話說，你的襯衫會排斥夾克。所以，核不但不會盡力保住唯一或唯二的價電子，內殼層還會把（襯衫會把夾克推離你的身體）。

因為如此，大多數有兩個電子的元素也很容易產生反應。雖然比只有一個電子的元素稍微穩定一點，但一般而言，第二族的元素很容易放開電子。鈹、鎂、鈣和鍶就是很好的例子，這些有兩個價電子的元素和第一族的元素一樣會有電子—電子互斥的現象。

碳和矽都位在第四行，因此兩者都有四個價電子，這表示我們可以預期碳和矽在相同環境下會有非常類似的表現。由於化學家已經知道碳和矽相當穩定，我們可以預期第四族的所有元素都很穩定——就如我們觀察到的鍺、錫和

鉛。

門得列夫很有先見之明地認為，將來的化學家會想要預測元素之間會產生什麼反應，這就是為什麼他依照價電子和原子量，整理出我們現在還在使用的元素週期表。（週期表的形狀像碗而不是長方形的原因也是如此。週期表上端的大凹陷，是為了依照物理和化學性質來排列元素）。

在元素週期表的任何一個直行，越往下原子就越來越大。一般來說，最大的原子位在元素週期表的左下角，最小的原子則是位在右上角。

表格上的每一個橫列 —— 或**週期**（所以才叫做週期表）——代表原子額外的電子「層」。依照元素週期表上的週期順序（由左到右）看下去，原子通常是越來越小。看起來反了，對吧？氦怎麼可能比氫小？

依週期順序來看，每個元素都會多一個質子和電子，這表示核內的正電荷會隨著原子序變大而增加。正電荷越多，原子中心（也就是核）對價電子的吸引力就越大。

舉例來說，氫的核電荷是 +1。由於氫屬於第一族，我們預期氫只有一個價電子，這表示核內的 +1 電荷會受到電子的 –1 電荷吸引。

不過現在讓我們比較一下上述的吸引力，以及氦原子內的吸引力。由於氦屬於第二族，我們預期氦會有兩個質子

和兩個電子。這種核內＋電荷和價電子 –2 電荷之間的吸引力，明顯大於氫的 +1 和 –1 之間的吸引力。這表示氦的價電子會比氫的價電子更受到核的吸引，因此氦的原子半徑小於氫。

如果我們同時考量電子之間的互斥以及質子和電子之間的吸引力，就可以看出幾個週期趨勢。有個記住這些族和週期的簡單口訣是「鍅很胖」：鍅是元素週期表上最大的原子之一，位在左下角，原子序是 87。鍅有 87 個質子、87 個電子和平均 136 個中子。如果鍅是一個人，絕對是個穿「很多」的人。

只要觀察元素週期表，就可以看出另一種特性：原子容易改變的程度。還記得嗎，原子很容易就會失去或得到電子——就像脫掉夾克，或者如果是鍅這類比較大的原子，就會像脫掉其中一層衣服。

我們會用電子親和力（electron affinity）這個詞來描述元素的獲得或失去電子的意願。舉例來說，大多數在右上角的元素都有偏大的電子親和力，例如氧和氟，意思是這類原子急切地想要獲得電子。第十七族的元素則是眾所皆知會一直找附近的原子有沒有電子可偷，而最容易產生反應的就是氟。

你該認識的最後一個分類是第十八族：我們把這些元素

「陰」離子到底是什麼？

當原子獲得（或失去）電子，我們會稱之為「離子」。我們會用陰離子這個詞來指稱獲得一個以上電子的任何原子，陽離子則是指失去一個以上電子的任何原子。

首先來仔細看一下陰離子：陰離子一定是帶負電，而且電子一定多於質子，還會比同類的不帶電原子大。如果我先生把他的大號羽絨外套給我穿，我一定會看起來比較大隻。同樣地，原子獲得電子之後（會改叫做陰離子）會變得比較大。氟就是個典型的例子：氟原子會一直想要獲得一個電子，來轉變成氟化物陰離子（F⁻）。當氟不帶電，對人體沒什麼用，不過一旦氟獲得一個電子並且變成氟化物（陰離子），就具有促進人體內骨骼成長的效果，成為有助於預防蛀牙的微量營養物質。對我來說，一個小小的電子就能對原子的化學性質造成這麼大的影響，實在是非常迷人。

陽離子這個詞是用來區分失去一個以上電子的原子。在羽絨外套的例子中，我先生代表的就是陽離子，因為他給了我外套——電子。陽離子一定是帶正電，而且質子一定多於電子，還會比原本不帶電的原子小——就像我先生給了我他的外套之後，會看起來比較小隻。

和常見的陰離子不同的是，最容易變成陽離子的原子位在元素週

期表的左上角，像是鋰和鈹。這些元素有一或兩個價電子很容易轉移給其他原子，而這類元素比較有可能變成陽離子而不是陰離子的原因就在這裡。

屬於第一族的元素更是如此，尤其是鋰。鋰原子只要失去一個電子就會轉變成鋰陽離子（Li$^+$）。在離子狀態下，鋰陽離子有助於管理大腦對多巴胺的敏感度，可以用於治療躁鬱症，而不帶電的鋰金屬則對人體沒有任何好處。這又一次證明，只不過增加或減少一個電子，就會大幅改變原子的物理性質。

全都稱作惰性（inert 或 inactive）元素。這類元素並不想獲得或失去電子，我會把這一族的元素想像成週六晚上只想在家放鬆而不是去跑趴的人，例如氦和氖。第十八族的所有元素（氦、氖、氬、氪、氙和氡）都被叫做惰性氣體（noble gas），因為這些元素實在太少和其他元素發生作用──就像皇室貴族一樣（譯註：「noble」一詞有貴族之意）。

　　元素週期表的功能可不只有用來當我們的小抄，看著週期表，就如同看著幾個世紀以來世界各地數以千計──甚至有可能是數以十萬計──的科學家所發現的成果。善用元素週期表，我們就可以做到很了不起的事，例如呈現可以找出

癌症的醫學影像，以及發明可以用於太陽能板的半導體。就連你手機和筆電裡的鋰離子電池，都是從週期表的模式誕生的產物——這種電池之所以能夠運作，是因為電子會在原子內部（以及原子之間）移動。事實上，只要具備扎實的原子結構基礎知識，就能輕易觀察到電子—質子作用是怎麼不斷出現在世界各個角落。

現在你已經瞭解原子的基本知識——原子的質子、中子和電子——以及原子如何組成元素，我們就可以繼續討論當不同元素的兩個原子相遇會發生什麼事。從這裡開始，化學會讓人非常熱血沸騰，因為原子之間的吸引力非常類似於約會或交新朋友。

會產生吸引力嗎？

兩邊會怎麼反應？

會結合在一起（形成鍵）嗎？

2
形狀才是重點
空間中的原子

———

　　在前一章，你學到了為什麼原子其實是組成宇宙一切的基石，不過這些基石是怎麼組合在一起，然後變成像是電腦之類的東西？或變成沙拉醬？又或是冰啤酒？

　　關鍵在於電子。

　　當兩個以上的原子結合，方法會是透過鍵共用或轉移電子。而任何具有鍵的都一定會是分子或化合物。單一原子絕對不可能是分子或化合物，一定只會是「原子」。

　　在我們深入瞭解化學反應之前，你得知道化學家會把一群分子稱為物種（species）、物質（substances），有時甚至會稱為系統（system）。這些詞彙都可以互換，意義也完全相同，總之就是指一群分子。所以，當我用到「物種」這個詞，你會知道我是指一群分子，而當我用到「分子」這個詞，就是單指分子本身。

　　懂了吧？

太好了。

其實我們每天都可以觀察到原子在形成，前提是要知道該觀察什麼──例如鹽在大海中溶解的時候，或是面膜消除黑頭粉刺的方式。原子之間是根據吸引力而形成鍵，從這個角度看來，原子和我們還真像！由於質子帶正電荷，電子帶負電荷，兩個原子之間的鍵可以讓兩邊都變成不帶電，而這就是原子想要的結果。

當原子之間的物理距離很接近，就會對彼此產生吸引力。由於電子在外，原子和質子在內，所以其實會有兩種吸引力同時在作用。

現在讓我們假想有兩個原子：A 和 B。A 原子的電子會受到 B 原子的質子吸引，同時 B 原子的電子會受到 A 原子的質子吸引。一般來說，唯一會對這個過程造成干擾的就是電子排斥其他電子。

如果原子之間距離太近，就會搞砸原本可能形成的鍵，就像如果有陌生人在咖啡店坐得太靠近我們，我們就會被嚇跑。被不認識的人侵犯個人空間時，我們通常會想要拉開距離來重獲安心的感覺，而有些時候我們的做法會是站起來走開，原子也是相同的道理。如果其中一個原子的電子太靠近另一個原子的電子，電子會互斥並形成更多空間。

最後，兩個原子會確立最適合的距離，在這個狀態下，

質子和電子之間的吸引力會勝過電子之間的互斥力。換句話說，質子—電子吸引力會達到最高點，而電子—電子互斥力會是最低點。呈現這種狀態之後，就有可能形成鍵。

假設一下，你和咖啡店裡的陌生人找到了一個彼此都很自在的距離，然後開始聊天。如果你們彼此吸引，照理說下一步就會是建立比較長久的關係。這時候，在現實中你們可能只會一起再喝杯咖啡，或是交換電話號碼；不過由於這個情境是在比喻原子結合的過程，所以我們要假裝下一步是牽手。

當原子「牽手」，其實就是在形成鍵。在化學裡，鍵基本上就是兩個原子之間的協議。兩個原子會形影不離，直到更有吸引力的原子出現。舉例來說，如果我和長得很好看陌生人手牽手，我會一直牽下去——直到好萊塢明星萊恩・雷諾斯（Ryan Reynolds）走進店裡。這時候，我會立刻放開好看陌生人的手，跑去追求更理想的關係。相同的狀況也會發生在原子之間。

不過其中有個差異：我可以和萊恩・雷諾斯一起走向夕陽，同時還是當初那個走進咖啡店裡的凱特，也是那個和陌生人牽手的凱特。萊恩和那位陌生人都不會拿走我的手臂和腿，對吧？不幸的是，對 A 原子和 B 原子來說，未必會是如此。

不同於我和那位陌生人，當兩個原子決定結合，個別的原子會不再被視為獨立的實體。事實上，當原子形成鍵，就會立刻交換電子。所以有時候，在 A 原子和 B 原子分離之後，A 原子可能會帶走 B 原子的一、兩個電子。

不過，兩個原子在一起的時候，我們試著分析兩個原子之間在鍵裡共用電子的狀態有多平均。為了做到這一點，我們必須先檢查原子的組成，來仔細瞭解原子的特性。最簡單的做法就是釐清原子是歸類為金屬還是非金屬。幸運的是，通常很容易就能分辨這兩種元素，只要觀察就行了——在實驗室或現實生活中都可以。

大多數的金屬都非常漂亮，尤其是經過適當清潔之後。被定義為金屬的元素如金、鈷和鉑都相當閃亮有光彩，因為大多數的金屬非常會反射光線。很多金屬可以彎曲而且有展性（malleable），因此最適合用來製作珠寶。（如果金屬經過敲打會變成另一種形狀，我們就會用具有展性來形容。）金屬也具有良好的導熱效果，如果你曾經碰過爐子上燙手的金屬鍋，應該對這點再瞭解不過了。

這一類元素也是眾所皆知的優良導電體，意思是電子可以輕易地迅速通過大多數的金屬，幾乎不會遇到阻力。這就是為什麼下大雷雨的時候，拿著傘站在外面實在不是個好主意。傘的把手（以及頂端）通常都是金屬製成，會吸引閃電

的電力，再加上金屬是電的良好導體，實際上讓人觸電的就是這些電子。另一方面，我們其實隨時都在利用這種性質，例如使用智慧型手機電池的時候。

金屬喜歡把電子轉贈給其他原子，但不喜歡形成鍵並被迫獲得電子。金屬就像耶誕老人一樣——熱衷給予，厭惡獲取。（可惜的是，原子的世界裡沒有給耶誕老人的牛奶和餅乾。）另外，因為金屬一定要獲得電子才能與其他金屬結合，這類元素通常也會避免結合。

相對地，非金屬不會有光澤、不具展性和延性（ductile）。如果物質（通常是金屬）可以拉成細線，我們會用具有延性來形容。非金屬元素的定義就是不是金屬的元素。（太直截了當了，我知道。）大部分的固體非金屬都很呆板無聊，氣體非金屬多半是無色，這表示我們根本看不到這些元素，更遑論用這些元素做出美麗的珠寶。

關於非金屬，你必須瞭解的特點是，電子無法輕易通過這些物質；非金屬的導熱和導電性都不太好。非金屬中的電子很難移動，這就是為什麼很多這類元素不容易產生反應。（這也是為什麼上一章提到的惰性氣體通常只會獨來獨往。）簡單來說，這類元素中的電子無法像在金屬中一樣輕易移動於原子之間。

大多數的非金屬都位在元素週期表的右上角，從第四族

的碳開始算起，一直到第八族都是非金屬。在碳下方的每一個週期，其他非金屬分別位在矽、砷、碲和砈的右方。

金屬的數量是非金屬的五倍以上，但這個宇宙有 99% 是由氫和氦組成——是兩種非金屬！另一種非金屬——氧氣——更是攸關人類生存。非金屬最迷人的特點就是有些元素極為穩定，有些卻超乎想像地容易產生反應。

我之所以花這麼多時間討論金屬和非金屬，是因為當我們試著要釐清分子會形成什麼類型的鍵，一定要先確定原子的組成（是金屬嗎？不是金屬嗎？）。在化學中，鍵分成兩大類：共價鍵和離子鍵。

讓我們先從共價鍵談起。

最簡單的共價鍵型態就是所謂的單鍵。

當兩個原子共用兩個電子，就會形成單鍵。事實上，所有的共價鍵都是在兩個原子共用電子時形成。以單鍵來說，通常每個原子會貢獻一個電子。現在讓我們回到前一個例子，看看我和萊恩·雷諾斯形成的鍵。

為了示範單鍵的狀態，請想像萊恩用左手牽著我的右手。我們之間有兩個電子，而且彼此的距離是一個手臂的長度。在這個距離之下，我開始感覺到自己的「電子」被拉向他的「質子」。

現在為了形成雙鍵，萊恩用空下來的右手握住我的左

手。在他這麼做的同時，我必須轉身才能握住他的另一隻手，而這個動作會減少萊恩和我之間的距離——因為現在，我們是面對面地站著。這時我們的「連結」變強了兩倍，因為我們之間有兩個鍵。（所以才會稱為雙鍵。）

雙鍵比單鍵強得多，再加上電子排列的方式，原子會稍微再更靠近一點。在形成雙鍵的狀態下，兩個原子之間有四個電子——牽起的每隻手都有一個電子。

如果是三鍵，萊恩會需要用腿環繞我的身體（拜託不要告訴我先生）。三鍵會讓原子變得非常地靠近，現在萊恩和我之間有三個鍵——牽起的兩雙手各有一個鍵，環繞我身體的腿則有一個鍵，總共有三個地方共用電子。

稍微計算一下就知道，一個鍵有兩個電子，三個鍵就代表兩個原子之間共用了六個電子。三鍵非常強勁也非常難以打破的部分原因就在這裡——而且遠遠超過單鍵或雙鍵。另外，形成三鍵時原子之間的距離也會縮小非常多，因為兩個原子共用了六個電子。

單鍵、雙鍵和三鍵是共價鍵分子中最常見的鍵類型；你隨時都會接觸到這些鍵，包括你的洗髮精和牙膏、早上喝的咖啡——甚至你穿的衣服、用的化妝品以及體香劑。我在本書的後段會談到，你的生活中到處都有共價鍵，不論你身在何處。如果你有辦法立刻查查看，就會發現身邊大部分的東

西都有共價鍵，而且我根本就不知道你人在哪裡！共價鍵就是這麼無所不在。

科學家評估共價鍵的方式是觀察原子實際上如何共用電子：共用的狀況是不是平均？是不是有一個原子好像貪心地佔據了所有電子？當兩個原子徹底平均地共用電子，我們會把這種鍵稱作純共價鍵。只有當 A 原子的電子受到 B 原子的質子吸引的強度，等同於 B 原子的質子受到 A 原子的電子吸引的強度，才會出現這種狀態。很拗口，對吧？

把純共價鍵想像成戀愛關係可能會比較好理解。

如果我的心受到對方身體的吸引，而對方的心也同樣受到我的身體吸引，我就可以和對方形成純共價鍵。

如果兩邊的吸引力相等，純共價鍵就會形成。

然而就像愛情一樣，兩個原子之間的吸引力很少會完全相等。事實上，大部分的吸引力都會有點不平衡。當兩個原子之間的吸引力不相等，就不再有純共價鍵；相對地，這種鍵會被歸類為極性共價鍵。現在我們要開始談到吸引力的電力——我可不是在說你遇到超完美對象的時候感覺到的那種火花。化學家會用電負度來衡量 A 原子的電子有多麼受到 B 原子的質子吸引；當兩個原子的電負度不同，形成的就會是極性共價鍵，而當兩個原子的電負度相同，形成的就會是純共價鍵。

到目前為止還消化得了嗎？來複習一下：在純共價鍵的狀態下兩個原子對彼此的吸引力是相等的，不過在極性共價鍵的狀態下，其中一個原子受到的吸引比另一個原子更強烈──也就是電負度比較大。一般來說，（再次）因為有元素週期表，科學家可以得知原子的電負度。電負度原子位於右上角，包括氟、氧、氮和氯，這四個原子會受到非常多其他原子的吸引。相對地，電正度原子──不會受到大多數的原子吸引──位在元素週期表的左上角，鋰、鈹、鈉和鎂都是電正度原子。

化學家想知道在極性共價鍵之中哪一種原子比較強（或電負度較大），因為我們老是想弄清楚電子到底是往哪裡跑，而電子在鍵之中的位置會影響所屬分子如何與另一個分子作用。別忘了，化學家可是很執著於預測化學反應的結果。

大多數的科學家認為電子平均分布的分子有點無聊，因為這類物種通常都偏向不容易產生反應，而且只會和其他同樣平均分布的分子產生作用。

另一方面，電子分布不均的分子通常都極為容易產生反應，這類物種對像我一樣的化學家來說很酷，因為這些分子很喜歡和其他活性分子相互作用。

現在，讓我們暫時假裝根據元素週期表，萊恩‧雷諾斯

在我們兩人形成的鍵之中，是比較沒有吸引力（電正度）的那一方。確定我是電負度比較高的那一方之後，也就可以預測他的價電子會試圖離開他的身體，轉而向我的身體移動。電子會從他的手臂，經過我們雙手形成的共價鍵，然後繼續透過我的手臂往上移動，直到停留在我的肩膀上。接著電子會留在我的身體上，直到我們之間的鍵斷裂。這時候，電子可以選擇跳回他的身體，或是永遠和我待在一起。

　　讓我們看看這種作用的實際例子：當碳和氟之間形成鍵（C–F），科學家首先會查看元素週期表，來確認哪一種原子的電負度較高。（在這個例子中，較高的是氟。）我們可以由此得知，碳的價電子很可能會離開碳，並且透過共價鍵盡可能靠近氟。

　　由於電負度原子會帶著鍵裡大部分的電子，通常會以帶部分負電符號（d-）來表示。鍵裡的電負度原子會吸引電子，因此會帶有部分負電荷。這表示電正度原子──也就是吸引力較低而且剛剛失去部分電子的原子──會帶部分正電（d+）。「部分」一詞的意思是電子仍然是原子共用的狀態──多半是透過共價鍵（原子的「手」）。

　　金屬和非金屬之間形成的鍵則完全相反。和共價鍵相同的是，金屬─非金屬鍵會在原子靠近到彼此吸引的時候形成；和共價鍵不同的是，這種新類型的鍵只會在電子從一個

原子轉移到另一個原子之後形成。更明確地說，就是金屬將電子轉移到非金屬，而當這樣的狀況發生，就會形成離子鍵。

　　一定要釐清這一點：和共價鍵不同的是，離子化合物並不會共用電子。這類原子會轉移電子，然後形成帶正電的金屬離子以及帶負電的非金屬離子（和共價鍵狀態下在原子中觀察到部分電荷不同）。還有別忘了，異性相吸，所以這時金屬陽離子會受到非金屬陰離子的強烈吸引。

　　如果說共價鍵是兩個彼此吸引的人類進入一段有承諾的關係，愛意會來回流動，那麼離子鍵就是那種只有一方總是在付出而另一方不斷索求的關係。離子鍵是非常單向的狀態，陽離子（電子比較少）會一直付出，而陰離子（電子比較多）則會一直索取。

　　和共價鍵相同的是，我們身邊隨處可見離子鍵。舉例來說，食鹽是透過鈉原子和氯原子的離子鍵形成。當鈉（金屬）把電子給氯（非金屬），鈉原子會變成陽離子，氯原子則會變成陰離子。在食鹽這個狀態下，氯是索取的一方，而鈉是付出的一方。

　　瞭解原子如何結合——透過共價鍵或離子鍵——的基本知識之後，我們就可以開始認識分子其他超級酷的部分。

　　還記得我提過原子之間的距離很小才能形成雙鍵和三鍵

化學式的祕密

在化學中，我們會用分子式來表示分子中的原子。分子式分為兩種類型：簡縮式和結構式。大多數人比較熟悉簡縮分子式，我們可以從中得知分子裡有哪些原子，以及不同原子之間的比例。

不如讓我們來聊聊 H_2O 吧。水有兩個氫原子和一個氧原子，這就是為什麼水的簡縮分子式是 H_2O。下標數字 2 之所以列在氫後方，是因為水中有兩個氫原子。在簡縮分子式中，下標數字一律會列在所指涉的原子**後方**，所以我們可以得知分子中每一種原子的數量。

然而，簡縮式沒辦法告訴我們任何關於分子內形成鍵的資訊。如果你看到分子式 H_2O，可能會（錯誤地）假設分子看起來像這樣：H–H–O。這個分子式會讓人以為兩個氫原子連在一起，但在現實世界中，當兩個氫原子分別直接與一個氧原子相連，水才會形成，也就是這樣：H–O–H。單是看到 H_2O 並沒有辦法知道氫原子和氧原子之間有鍵（除非你有很扎實的化學背景）。

所以，我們要使用另一種分子式 —— 結構分子式 —— 來表示原子的排列方式。由於每個氫原子都和中心的氧原子相連，「結構式」會寫成 HOH。這種分子式可以呈現出氫原子 A 與氧原子相連，而氧原子又與氫原子 B 相連，就像這樣：H–O–H。

但要怎麼知道該用哪一種分子式？

說實話，這真的得看情況。

結構式可以提供最多資訊，所以化學家通常會偏好使用這種分子式。然而，如果是有大量原子的分子，用結構分子式來表示就很不實際，因為分子式會看起來又長又麻煩。因此，最常用來呈現分子的方式就是簡縮分子式。

嗎？這是因為分子有相當獨特的形狀。這一點可能會讓你很驚訝：任何特定分子的形狀並不是由組成分子的原子決定，而是那個讓化學家深深著迷的東西。

電子。

1950 年，化學家羅納德・格萊斯皮（Ronald Gillespie）和羅納德・雪梨・尼霍姆（Ronald Sydney Nyholm）開始注意到分子形狀的模式。不出所料，他們很快就發現分子的幾何結構形狀是取決於電子在空間中的排列方式，而不是原子的種類。1957 年，格萊斯皮和尼霍姆發表了所謂的 VSEPR 理論（價殼層電子對互斥），可以根據電子的數量和相對位置，來準確預測出任何分子的立體形狀。

舉例來說，我們知道有兩個原子的分子一定會呈現線性形狀，因為以單鍵相連的兩個原子就是不可能有其他的排列

方式。任何只含有兩個原子的分子都會是線性排列，無論原子的組成是什麼。一氧化碳就是典型的雙原子分子，碳和氧原子之間有三鍵，而且由於總共只有兩個原子，一氧化碳會一直維持線性形狀。這種無味、無色的氣體相當易燃，也非常危險。當你吸入一氧化碳，小小的分子會與血液中的血紅素結合，然後把氧分子往外踢。這就是為什麼當這種「沉默殺手」過量，可能會置人於死地。

透過格萊斯皮和尼霍姆的全面研究，這個活躍的雙人組得以將這種理論模型擴大到不限原子數量的分子。這套理論是建立在一個你已經知道的基本概念：電子一定會互斥。

我喜歡把電子想成需要在分子中保有一點活動空間，也就是每一個鍵會盡可能遠離分子中的其他鍵。電子在任何特定分子中的位置稱為分子的電子幾何結構，還有請記得，重點在於電子──所以幾何結構的關鍵在於有多少電子，以及電子位於鍵之中的什麼位置。

格萊斯皮和尼霍姆提出五大電子幾何結構，來描述電子在分子中的分布情況。我知道分子的形狀感覺起來不怎麼重要，但這其實有助於我們判斷電子在分子之中是如何排列。是平均分布嗎？還是不平均？我們同時考量到電負度以及分子整體的形狀之後，就終於能判斷兩個分子會對彼此產生什麼反應。

分子式	形狀	結構
AX_2	線性	X—A—X
AX_3	三角平面	X上方，A中心，X、X下方
AX_4	四面體	延伸到書頁後方 / 延伸到書頁前方
AX_5	三方雙錐	延伸到書頁後方 / 延伸到書頁前方
AX_6	八面體	延伸到書頁後方 / 延伸到書頁前方

假設我們的分子有一個中心原子（A）和任意數量的末端原子（X）直接與 A 相連。在接下來的討論裡，中心原子會一直位在分子的中央，末端原子則會圍繞著中心原子。這表示如果分子有三個原子，分子式會是 AX_2，也就是一個 A 原子位於中間，兩個 X 原子位在分子外圍。

根據 VSEPR 理論，分子中的兩個 X 原子在圍繞著原子 A 的同時，會試圖離得越遠越好。其中一個 X 原子位在左邊，另一個 X 原子位在右邊，兩個鍵之間的角度會是 180°。二氧化碳是這種形狀的標準例子，也就是所謂的線性。二氧化碳分子也是乾冰的成分，屬於我個人最愛的低溫學領域之一。

依照相同的規則，有四個原子的分子會以分子式 AX_3 表示，而且三個 X 原子圍繞著中心的 A 原子整齊排列。這種分子幾何結構叫做三角平面，因為每個鍵之間的角度是 120°。結構名稱中之所以有「平面」這個詞，是為了表示這類分子像一張紙一樣扁平。

甲醛（CH_2O）是典型的三角平面分子，也是最常被誤解的化學物質。甲醛不但可以經由人體自然產生，還常見於綠花椰菜、菠菜、紅蘿蔔、蘋果和香蕉，這些都是對人體非常有益的食物。然而，長時間接觸高劑量的甲醛對人體有害，因此特定產業的工人會面臨較高的健康風險。

　　這類平面分子和由五個原子組成的怪異分子形狀形成強烈的對比，儘管規則依然不變。AX_4 的形狀是四面體——有四個面，X 原子與最近的原子之間保持著最大距離，所以鍵之間的角度是 109.5°。這種形狀不可能在紙張上畫出來，因為四面體不是平面（或屬於二度空間）。其中的兩個 X 原子可以而且也一定會保持在平面上，但第三個 X 原子會處於高於平面的位置，而最後一個 X 原子則是位在平面之下的位置，在這種狀態下分子才會符合規則。請記得，VSEPR 理論規定鍵之間的原子在空間中必須盡可能保持最大距離。

　　換句話說，較大分子中的原子必須要穿透平面，才能避免分子中的電子互斥。甲烷（CH_4）是典型的四面體分子，從瓦斯爐噴出的就是這種氣體，但你在瓦斯滲漏時聞到的並不是甲烷。你聞到的是甲硫醇，聞起來像臭雞蛋。美國是從 1937 年開始把這種完全無害的分子加到天然氣中，因為德州新倫敦（New London, Texas）的倫敦學校（London School）發生瓦斯滲漏爆炸事件，造成將近三百名師生死亡。甲硫醇的氣味非常刺鼻，加進天然氣之後，萬一發生滲漏馬上就能引起大家的注意。

　　六原子分子的分子式會是 AX_5，呈現的形狀叫做三方雙錐。這種複雜幾何結構的分子會有一個原子高於平面，一個原子低於平面，然後再加上三個原子在平面上以 120° 的間

隔散開。還跟得上嗎？讓我試著用人體來解釋這個怪異的形狀吧：如果你的身體是三方雙錐分子，A 原子就會是你的軀體，一個 X 原子位在你的頭部，另一個 X 原子位在腳上，第三個 X 原子位在你的髖部正前方，另外還有第四個 X 原子連在左臀上，第五個 X 原子則是連在右臀上。這種複雜的分子有很多令人意外的對稱性。

有七個原子的分子形狀非常類似於有六個原子的分子，同樣有一個原子高於平面，一個原子低於平面。不過現在，會有四個原子在平面上以 90° 的間隔散開——也就是四個 X 原子分別連在你的左髖、右髖、左臀和右臀上。這種形狀叫做八面體，因為這類分子有八個面。

目前最典型的八面體分子是六氟化硫（SF_6），如果你吸入這種氣體，聲音會變低許多，效果和吸入氦氣相反。（溫蒂・威廉斯秀〔*The Wendy Williams Show*〕的「放屁門」〔Fartgate〕事件背後，就是這種氣體。查查看就知道了，這段被瘋傳的影片六氟化硫也有份）。

VSEPR 理論幫助科學家瞭解電子如何圍繞著分子的中心原子排列，但是有些分子——例如咖啡裡的咖啡因、啤酒裡的乙醇，以及洋芋片裡的碳水化合物——都有不只一個中心原子。在這種情況下，我們要把所有內部中心原子的幾何結構組合在一起，才能判斷出大分子整體的形狀。

讓我們來看看含有超過五十個原子的分子是怎麼排列的例子，像是順式和反式脂肪。

幾年前，美國食品藥品監督管理局（Food and Drug Administration，FDA）要求食品商在三年之內找出方法，讓產品不再含有反式脂肪。截至 2018 年 6 月，美國正式禁止食品添加任何反式脂肪。然而，所謂的順式脂肪卻沒有受到任何管制。這讓有些人感到很意外，因為順式和反式脂肪的分子式相同，而且可以經由非常類似的製程產出。

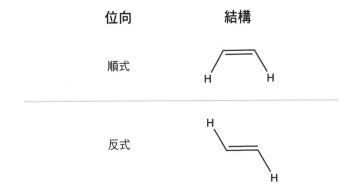

兩者唯一的差異在於分子的形狀：反式脂肪呈現長形管狀（像牙籤），順式脂肪則有一個彎折處（像是牙籤被折成兩半）。

當反式脂肪進入人的動脈，會與其他反式脂肪整齊地排在一起，然後開始一層層疊上去，漸漸阻塞動脈。有時

候，反式脂肪會排列得實在太過緊密，以至於充氧血無法從人的心臟流出，這可能會導致心臟病發，以及造成其他有害健康的影響。

你可以把上述的情況想像成把牙籤疊成一束，然後放入水管的一端。只要這些牙籤夠緊密，水就無法突破牙籤造成的阻塞。

不過現在你可以思考一下，如果把這些牙籤全部都折成一半呢？還可以像之前一樣整齊地疊在一起嗎？不太可能。不論你多努力嘗試，彎折的牙籤都無法像原本的牙籤一樣輕易造成阻塞——就如同順式脂肪無法像反式脂肪一樣輕易阻塞動脈。

我希望經由這個例子，你可以看出分子的形狀對化學（以及你的動脈）有多重要。分子的形狀可以讓我們知道電子的位置，以及分子在 3D 空間中會如何運作。但更重要的是，我們知道電子的位置之後，就可以開始分析電子實際上是如何在分子中的原子之間形成鍵。

不過，要做到這一點，我們得先更仔細地觀察原子。

首先，想像一下原子的每一層都有口袋——內搭衣的口袋、襯衫的口袋和夾克的口袋。每一個小小的口袋代表的是所謂的原子軌域，而每一個原子軌域一次最多可以容納兩個電子。這些口袋絕對、永遠無法容納三個或更多電子，因為

空間就是不夠，也因為口袋無法處理第三個電子的電荷。

別忘了，電子互斥，而且需要各自的空間。

事實上，即使一個口袋或者軌域裡只有兩個電子並排，這兩個電子也都處於不適的狀態。為了要讓各個電子感受到的互斥力降到最低，電子會開始以相反方向旋轉：一個電子順時針旋轉，另一個電子逆時針旋轉。

現在你可以用自己的手來試試看，左手順時針轉動，右手逆時針轉動。我每個學期都會這樣示範給學生看，我試著讓雙手反方向移動的樣子很傻，學生老是會笑我，但重點不在這裡。我知道這聽起來很違反直覺，但是當電子以相反方向旋轉，可以讓原子穩定下來。令人意外的是，旋轉動作可以讓電子在小小的軌域裡盡可能地分散開來。換句話說，電子可以達到兩個負電荷之間的最大距離。

不過說到這裡，我猜你應該在想──那又怎麼樣？我為什麼要在乎軌域（還有其中的佔用規則）？原子軌域對我的日常生活有什麼實際的影響嗎？

說實話，我可以理解你為什麼會有這樣的疑問。

原子和分子在現實世界的應用比較直截了當，只要觀察像衣服這麼簡單的東西就可以知道，染劑中的分子讓襯衫可以呈現紅色或藍色。而如果你穿的是吸濕排汗的材質，分子之間的距離可以決定布料有多透氣或排汗。

　　那軌域呢？在我看來，軌域的科學比較複雜精細，也比較帶有美感。

　　每年 7 月 4 日的美國國慶，我們會在每一發煙火看到電子從一個軌域移動到另一個軌域。紅色煙火是電子在軌域之間小幅移動的產物，而綠色煙火則是來自更大幅度的移動。

　　在萬聖節，每次我們看到磷光——讓東西在黑暗中發光的化學現象——都是軌域在發生作用。不論有沒有意識到，我們其實一直都會看到電子在所屬的軌域內移動，也會在軌域之間移動。我們實在很幸運，有科學家設計出一些方法讓我們可以安全地把玩這種移動現象——例如仙女棒和螢光棒。

　　這些化學現象全都是源自電子可以在其中活動的四種原子軌域（也就是口袋）：s 軌域、p 軌域、d 軌域和 f 軌域，而且科學家埃爾溫・薛丁格（Erwin Schrödinger）是同時提出全部四種類型的原子軌域，簡直是嚇死人。單是在一份簡短的論文中，薛丁格就確立了非常多關於原子連結方法的知識。事實上，過去一百年沒有發生太多變化，像我這樣的化學家仍然遵循著有四大類原子軌域的假設。

　　不過請記得——不論軌域有多大或是什麼形狀，都只能容納兩個電子。而且其中的電子必須要彼此保持著最大距離（因為有電子—電子互斥力）。

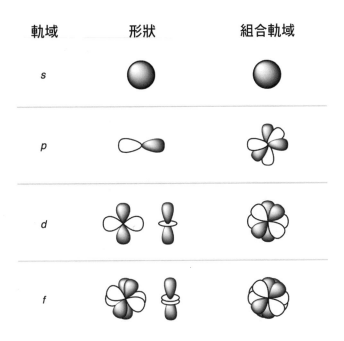

軌域	形狀	組合軌域
s		
p		
d		
f		

　　電子在 s 軌域中最能自由移動，因為這種軌域的形狀就像個又大又圓的球，是個單純的球體，徹底圍繞著原子裡的核。雖然有點違反直覺，不過「s」指的是「尖銳」（sharp），因為 s 軌域在實驗室中會製造出尖銳的波峰。

　　如果要找個簡單的例子，我們可以查看原子內部能量最低的軌域，稱為 1s 軌域。元素週期表上的每一個原子都含有一個 1s 軌域，是最靠近核的軌域，還有就像我之前提過

的，只能容納兩個電子。由於氫和氦分別只有一個和兩個電子，這兩種原子的其他原子軌域全都是空無一物，因此氫和氦很適合用來說明軌域為何如此重要。

首先來看看氦：在 1s 軌域中有兩個電子，被視為非常穩定元素，你應該還記得我們在討論惰性氣體時有提到這一點。氦穩定到我們經常把這種氣體用來製作生日氣球、熱氣球等等。這種元素完全沒有安全疑慮，因為極不容易產生反應。因此，即便有風把氦氣氣球吹向生日蠟燭，也不會造成任何危險，氣球只會破掉，氦氣也只會飄進大氣中。

不過現在讓我們來看看氫，這個原子的 1s 軌域只有一個電子。氫原子非常不穩定，一點也不。軌域裡的「開放」空間使得單原子的氫被視為極為危險的原子。氫隨時都在尋找另一個電子來放入有空缺的 1s 軌域，或是找方法放棄唯一的電子。由於氫實在太容易產生反應，大自然中很難找到單獨存在的單原子氫；事實上，氫原子會和另一個氫原子搭檔形成雙原子氫（H_2）。要是我們誤用氫氣而不是氦氣灌入生日氣球，生日蠟燭的火就可能會點燃一個大火球，而不是只會讓氣球破掉。哎唷，這下場面真的會很熱鬧，全都是因為原子軌域有一個空位——原子的口袋裡有個漏洞。

現在你應該可以推測出，類似的反應會發生在電子加入或移出隔壁的原子軌域時：也就是 p 軌域。這裡的「p」指

的是「主要」（principal），這種軌域的形狀像數字8，我們通常會用有兩個「橢圓」來形容，這只是代表電子在 p 軌域中可能會落在兩個區域之一。實際上，在原子的任何一層當中，都有三個相同版本的 p 軌域，會成簇圍繞著核形成六芒星的形狀。

每一個 p 軌域在空間中都有不同的位向：px 軌域讓電子可以在原子中左右移動，py 軌域讓電子在原子中前後移動，而 pz 軌域則讓電子在原子內部上下移動。

不過我必須這麼說，電子在原子中移動的方式有個很奇妙的特點：電子絕對不可能位於核內部，但卻有辦法從原子的左側跳到右側。電子也可以前後移動，但完全不會經過核。那麼電子是怎麼從原子的左側瞬間移動到右側，卻不需要透過核來傳送呢？老實說，我們到現在還不知道該怎麼回答這個問題，化學還有太多未知的部分，而這就是我們還沒釐清的疑點之一。我只希望科學家解開這個謎的時候，我人還在世。

當三個 p 軌域重疊，會贏成星形位向，讓六個電子（3個軌域 × 每軌域2個電子 = 6個電子）可以在原子內移動，而且保持著最大電子—質子吸引力和最小電子—電子互斥力。如果你仔細看 p 軌域像六芒星的圖示，會發現和球形 s 軌域不同的是，這種形狀中有很多電子**無法**存在的空隙。

因此比起 p 軌域，電子在 s 軌域會有更多空間 —— 或是自由 —— 可移動，這對電子來說再好不過了。

下一種類型的原子軌域是我的最愛：d 軌域，這類軌域是大部分無機化學的基礎。每個 d 軌域有四個橢圓或四個不同的點讓電子可以存在，這種軌域看起來有點像小花，核位在中心，電子則位在花瓣。

總共有五個不同的 d 軌域，其中四個會維持漂亮的花朵形狀，而這四個花朵軌域之間唯一的差異就是在空間中的位向。為了更清楚地理解這部分，讓我們來仔細看看有四個橢圓的 d 軌域。

如果你把這本書放在桌上，d 軌域會位在平坦、水平的表面上（位向 1）。不過如果你現在站起身來呢？你可以把書靠在前方的牆上（位向 2）或是左邊的牆上（位向 3），也許你還可以把書靠在房間對角線的隔板上（位向 4）。請注意，書的擺放位置在空間中會有四種不同的位向：（1）平放、（2）垂直、（3）垂直但旋轉 90°，以及（4）垂直但旋轉 45°。書的每一種擺放位置都代表 d 軌域在原子上呈現的一種方式。

第五個 d 軌域的形狀超級怪異，我以前的教授都會用「甜甜圈裡的香腸」來形容。雖然這個形容方法很怪，但我不得不認同他，因為獨一無二的 d 軌域看起來就是這個樣

子，我覺得很像是 Pz 軌域把內胎穿在腰上。

　　總共五個 d 軌域重疊在一起之後，會呈現出非常細緻的花朵形狀，就像 p 軌域呈現六芒星形一樣。不過，d 軌域組成的花朵對於電子而言，是個移動起來更為複雜的網絡。d 軌域的獨特形狀可以讓十個電子（5 個軌域 × 每軌域 2 個電子＝10 個電子）在原子內移動，同時保持著最大電子—質子吸引力和最小電子—電子互斥力。

　　可以在原子中觀察到的最後一種軌域叫做 f 軌域，也是目前為止最複雜的一種。我把這部分納入書中，並不是因為你一定得認識 f 軌域才能理解自己每天所處的世界，而是因為 f 軌域看起來超級酷炫。

　　f 軌域共有七種不同的類型，有些有六個橢圓，有些有八個。你可以在上方的圖表看到最怪異的那個圖示，綽號是「套著兩個甜甜圈的香腸」，看起來就像 Pz 軌域把兩圈內胎穿在腰上。

　　在原子中，七個 f 軌域會相互重疊，讓分子可以將十四個電子（7 個軌域 × 每軌域 2 個電子＝14 個電子）之間的互斥力降到最低，不過這需要形成更狂的花形結構。由於 f 軌域大多用於放射性化學（而不是日常化學），你真正需要記得的就是這種軌域有非常複雜的形狀。

　　話雖如此，不論是哪一種形狀，千萬別忘了每個 s、

p、d 和 f 原子軌域都只能容納兩個電子，而且電子會以相反方向旋轉來把作用機會降到最低。現在我們已經知道電子如何在原子內部移動，接下來可以更深入探討**不同**原子的軌域是如何重疊，然後形成鍵並共用電子。

我想討論的第一種鍵叫做頭對頭（head-on）重疊，也就是當兩個軌域在同一個地方重疊。

請想像一下有三個圓圈的文氏圖，如果你移除其中一圈，就會只剩下兩個 s 軌域。這兩個圓圈重疊在同一個地方重疊，兩個軌域形成鍵時就是這種狀態。兩個圓形彼此重疊形成的單鍵，我們會稱為 σ（sigma）鍵。

σ 鍵形成之後，原子 A 的電子就有直接的通道可以往原子 B 的質子移動（假設原子 B 的電負度大於原子 A）。不過 s 軌域不只會和同類形成鍵，也可以和 p 軌域頭對頭重疊來形成 σ 鍵。當 s 軌域和 p 軌域的其中一個橢圓重疊，就會形成新的鍵。如果你把雙圓圈文氏圖的其中一個圓圈替換成數字 8，呈現出來的畫面就會很像 s 軌域和 p 軌域之間形成鍵的狀態，軌域重疊的單一點讓電子可以輕易地從一個原子移動到另一個原子。

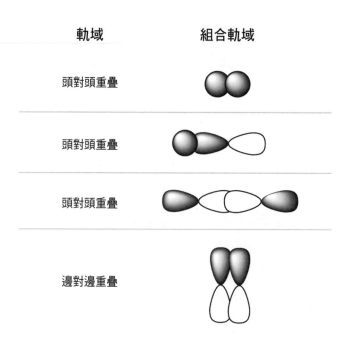

軌域	組合軌域
頭對頭重疊	
頭對頭重疊	
頭對頭重疊	
邊對邊重疊	

　　如果兩個 p 軌域透過頭對頭軌域重疊作用，也可以形成 σ 鍵。形成這種鍵時，左側數字 8 的右橢圓必須與右側數字 8 的左橢圓重疊（∞∞）。兩個軌域在同一個位置重疊，因此形成 σ 鍵。

　　不過，除了頭對頭重疊以外，兩個 p 軌域也有可能是邊對邊（side-on）重疊，意思就是字面上看起來那樣。邊對邊重疊表示軌域有兩個交接處，也就是側邊靠著側邊（所以稱為邊對邊）。這種鍵叫做 π（pi）鍵，只能透過雙鍵或三鍵

形成，因為軌域需要有多個重疊點。

　　如果要在視覺上重現這種狀態，可以想像兩個 p 軌域並在一起（88）。上方的兩個橢圓會產生作用，下方的兩個橢圓也會產生作用，建立出兩個通道讓電子可以在分子中移動。

　　如果你很熟悉氧乙炔銲接這種技術，也許會知道這種形成鍵的方式。乙炔（C_2H_2）是一種小型的碳氫化合物，碳原子之間就有這種強勁的 π 鍵。將這種氣體點燃之後，三鍵會斷裂，並伴隨著溫度高達 3,330°C（6026°F）的火焰；而高溫非常有利於焊接兩種金屬。

　　所以——軌域重疊其實是形成鍵的條件，因為原子就是在這個地方共用電子。這些鍵可能是共價鍵或離子鍵，而不論在分子裡的是什麼原子，地球上的每個分子形成的形狀，都一定都會將價電子之間的距離拉到最大。

　　以上就是關於分子形成鍵你該知道的所有知識，至少對初學者來說是這樣！

　　由於你已經知道鍵是怎麼在分子內形成，我可以開始談談分子之間產生作用時會發生什麼事了。

　　兩個分子產生反應之後，會形成新的離子鍵或共價鍵嗎？還是會忽略彼此，只是靠成一團呢？

3
動動物理腦
固體、液體和氣體

在前兩章，你學到了化學的基礎：原子和分子。世界上有非常非常多原子，數以兆計的原子！真的非常、非常、非常多……你應該懂我的意思。可是，我們很少直接看到世界上的原子和分子，就這樣出現在眼前。一部分原因是原子和分子超級超級小，大概比一根人類頭髮還要小一百萬倍。你能想像實際看到身邊的原子會有多怪嗎？一定怪到嚇死人。

就算我們可以用肉眼看到原子，看到的也會是一群原子而不是單一原子，因為原子和分子會傾向聚在一起，就像參加八年級舞會的小朋友一樣。舉例來說，當我們觀察烤肉用的木碳，看到的是一群碳原子。而如果有一大堆碳原子和氧原子決定要合體變成二氧化碳分子，我們看到的就會是固體乾冰。

在這兩個例子中，木碳中的原子和乾冰中的分子都是緊密靠在一起，原子或分子之間幾乎沒有任何空間。這種空間

就是科學家用來判斷所謂「相」（phase）的其中一個主要因子。

在化學中，有三種主要的相：固體、液體和氣體。（其實還有其他的相存在，例如電漿和膠體，但現在我要先把重點放在我們最常看到的相。）有一種超簡單而且通常很有趣的方法，可以用來分辨某個東西是固體、液體還是氣體，也就是觀察把東西往下丟之後會發生什麼事。

舉例來說，香檳杯會破裂，變成玻璃碎片往一百萬個不同的方向飛，然後隨機掉落。這是因為玻璃是固體狀態，不論玻璃有沒有破裂——就算是碎片也是片狀。玻璃不會（像液體一樣）變成一灘，也不會（像氣體一樣）升空。

其實，物質有很多介於中間的相，無法歸類在固體、液體和氣體。玻璃是固體，但更精確地說，玻璃其實是非晶固體，這表示玻璃的物理性質介於液體和固體之間。不過，為了方便討論，我們先假設玻璃就是一般的固體。

當科學家用顯微鏡觀察香檳杯，可以看到原子非常緊密地排列在一起，就像罐頭裡的沙丁魚。分子被擠到無法移動，難以滾動或重新調整位置。固體狀態的分子讓我聯想到姪女還是小寶寶的時候睡在我懷裡的樣子，不管周遭發生了什麼事，我都不會亂動以免吵醒她。不，我絕對不會動，固體狀態的分子也是相同的道理。

在微觀層次，固態原子非常類似於液態原子，除了一個非常明顯的差異：原子之間的距離。由於原子之間的空隙比較大，液體可以更自由地流動並符合所在容器的形狀。打破香檳杯的時候就可以觀察到這種現象：玻璃會碎裂在磁磚地板上，但液體會在磁磚上流動，直到碰到角落或邊緣。

在化學界，我們會用形狀和體積來區分固體和液體。液體會不斷改變形狀，但有固定的體積；相對地，固體有固定的形狀和體積。在玻璃杯的例子中，香檳變成了玻璃杯的形狀，而玻璃杯碎裂之後，香檳就流得整個地板都是。香檳這種液體本身並沒有固定的形狀。

讓我們來看看幾個跟上文內容有關的例子：當你把固體──例如馬鈴薯──放入容器，馬鈴薯只會在容器底部不動，對吧？馬鈴薯不會發生任何變化。除非受到什麼很刺激的東西影響，鍋裡的馬鈴薯絕對不會改變形狀。不過，當你把像水的液體加入相同的容器，水會盡可能地流散直到整個覆蓋容器的底部。還記得剛剛提到的中學舞會嗎？液體中的分子就像是在舞池上緩緩舞動，固體中的分子則是僵硬地站在角落；液體在左右跨步和擺動手臂，固體則是雙腳都黏在地板上。液體會填滿容器，而固體維持著形狀，是因為其中的分子沒有在跳舞。事實上，固體中的分子幾乎不會移動。

地球上大部分的液體都是由分子組成──但有兩個例

外。在室溫下，溴和汞是唯二只由**原子**組成的液體。其他所有的液體都至少有一個分子。舉例來說，純水是由 H_2O 分子組成──而不是單純的氫或氧原子，但純液體汞則是只由 Hg 原子組成。

液體和氣體之間的差異以及液體和固體之間的差異其實是同一回事──原子之間的距離！讓我們再回到中學舞會的例子。

如果說固體是站著不動，液體是緩緩舞動，那麼氣體就是在快速踏步。這些分子會盡可能地快速移動，並盡可能地往外擴散。不同於液體和固體的是，氣體沒有固定的形狀或體積。相對地，氣體會想辦法填滿整個容器。所以如果說液體會想辦法佈滿燒瓶的底部，那麼氣體就是會試圖充滿燒瓶。

你也許已經很熟悉一些常見氣體，像是氧、氮和氦。現在就有氣體在你四周移動，因為地球的大氣充滿了各種氣體。即使我們看不到氧、聞不到氮或嘗不出二氧化碳，要是沒有這些氣體，我們根本無法生存。

這就是為什麼要讓太空人穿上太空裝──因為月球和外太空並沒有地球大氣層所含有的氣體。這也是為什麼潛水的人要背著氧氣瓶，要是沒有氧氣，人類大約三分鐘就會死亡（我想你應該很清楚這一點）。

　　不過在地球上，此時此刻就有數十億個分子漂浮在你身旁。其中大部分是氮（78%）和氧（21%），剩下的 1% 則是氬。另外還有微量的幾種氣體（像是二氧化碳），甚至可能還有一些汙染物（像是一氧化碳）。當你深吸一口氣，會吸進所有混合在一起的氣體。這些分子會通過你的鼻子並進入肺部，接著將 4% 的氧氣轉換成二氧化碳。在你吐氣時，會呼出所有的氮和氬分子，以及約 17% 的氧和 4% 的二氧化碳。有個常見的誤解是人類吐氣時會排出 100% 的二氧化碳，但完全不是這麼一回事。

　　我們呼出的氬是極為穩定的氣體，如果科學家需要讓反應發生在惰性環境中，就會使用氬。舉例來說，我在唸研究所的時候，經常會把氬氣灌進有危險反應的燒瓶，來確保燒瓶不會著火。氬氣可以把爆炸的機率降到最低，不過我必須承認，進行可能隨時會爆炸的實驗真的是讓人又興奮又害怕。

　　氬的原子序是 18，現在你應該知道這表示氬的核裡有 18 個質子，核外有 18 個電子。儘管氬的體積相對較小，密度卻非常高——也就是緊密集中在一個小空間。

　　我在德州大學教學生認識氣體的時候，通常會用灌入氬和氦的氣球，來證明氣體物質的密度。我會拿著氬氣氣球，看起來就像普通的氣球一樣，然後把氣球鬆開。氣球會

立刻往地面下沉，因為氙比空氣重。接下來我會放開灌入氦氣的氣球，結果氣球立刻飄向天花板。簡單來說，氣體的密度就是這麼一回事。

密度高的氣體會有更多分子擠在一定的體積中；如果待洗的衣服是氣體中的分子，我猜大學生的洗衣籃偏向「高密度」，因為洗衣籃的髒衣服很有可能快要滿出來。相對地，近藤麻理惠（Marie Kondo）的洗衣籃密度應該會明顯較低，因為她只會留著讓自己怦然心動的衣物（而且她洗衣服的頻率大概也比大學生高）。

密度較低的氣體如氫和氦會飄散，是因為這些氣體比空氣輕。比較輕的氣體很適合用來灌入我們在上一章討論到的慶祝用氣球，不過——我想你應該也知道——你得把氣球綁住或加上重量，才能避免氣球飛走。

不過，像氦這樣的物質，是怎麼從氣體變成液體，或是從液體變成固體的？這些類型的相變高中應該有教過，而且在日常生活中隨處可見。融化、汽化、凝結和凝固的過程，都是特定物質中分子之間的距離減少或增加而導致的結果。

最容易入門的相變就是融化，我不曉得你的經驗是如何，但我從很小就知道融化是怎麼一回事。我在室外吃冰淇淋，結果毒辣的太陽導致冰淇淋滴在我的手上，當時真的是

一團亂，這樣認識化學裡其中一種主要相變未免也太嚇人了。有趣的是，「融化」（melting）其實不是化學界使用的正確詞彙，真正的專有名詞是「熔化」（fusion），但從來沒有人這樣說過。

當冰淇淋——或其他任何東西——熔化或融化，分子之間的距離會越變越大，導致固體變成液體。所以，如果固體中的分子——我要用個非常誇張的數字——彼此相隔 1 英里，現在液體中的分子就是 5 英里。在現實世界中，固體中的原子相隔的距離大約是 10^{-10} 公尺，但我覺得這個數字實在是難以在腦中產生畫面。

一定要記得的是：經過相變之後，分子還是原本的分子。原子和原子之間的距離並沒有改變，但分子本身會相距更遠。

不過這種距離是怎麼增加的？分子會需要能量來源，通常是以熱能的形式。如果我們改變環境的溫度，就可以迫使分子加速（透過加熱）或放慢（透過降溫）。稍後你就可以從例子中看到，這也會影響分子之間的距離。

想想冰淇淋的例子，你應該就能看出其中的邏輯。要讓冰淇淋融化，就需要外在的熱能來源。在德州的話，如果我在戶外吃冰淇淋，不用幾分鐘的時間冰淇淋就會開始融化。來自大氣中分子的熱能可以提供足夠的能量，讓冰淇淋

中的分子開始移動，最後導致分子之間的距離增加。當這樣的過程在微觀層次發生，冰淇淋會開始融化，導致所謂的熔化。

熔化的終極例子就是製作椒鹽卷餅裹巧克力的第一個步驟：融化巧克力。我在家做這種點心的時候，會習慣把巧克力放入可加熱的碗中，然後把碗放在裝有滾水的平底鍋。這種做法可以讓蒸氣的熱能透過碗底轉移，直接進入巧克力。這些額外的能量會迫使巧克力中的分子開始動來動去，基本上分子與分子之間的距離就會因此擴大。我知道這個現象是什麼時候發生的，因為我可以親眼看到巧克力開始融化。

把融化的巧克力拿出平底鍋之後，我可以觀察到另一種物理變化。平底鍋裡的水正在沸騰，因為有足夠的熱能促使液體水變成蒸氣。隨著平底鍋裡的水變成蒸氣，水分子之間的空間會大幅增加。所以，如果說固體和液體中的分子距離分別是 1 英里和 5 英里，那麼氣體中的分子就是相距大概 50 英里。再次強調，分子並沒有改變，只是單純地在氣體中離得很遠、很遠，比在液體或固體中都還要遠。現在我們已經知道氣體沒有固定的形狀或體積，所以氣態水分子——或蒸氣——會升到空氣中，看起來像是完全消失。

液體轉化為氣體的過程叫做汽化（vaporization），不過

有很多人誤稱為蒸發（evaporation）。這是很常見的誤解，但我們必須要討論一下其中的差異。和熔化一樣，汽化的過程會擴大分子之間的距離，這表示需要有熱能才能引發這種過程。當液體達到沸點，也就是液體轉化為氣體時的溫度，就會開始汽化。

另一方面，蒸發指的是在沒有直接增加大量熱能的情況下，分子從液體轉化為氣體。這種相變發生在沸點以下，例如一杯水過了一夜蒸發，或是汗水從身體蒸發。這些過程都不需要用到噴燈──分子就有足夠的能量轉變成氣體。相對地，煮滾的水獲得了更多能量，有助於水變為氣體。

不論是哪一種現象，都只能透過增加分子之間的距離，來讓液體轉化成氣體。有烘焙經驗的讀者在隔水融化巧克力時，都會觀察到滾水會變成氣體。不過你有沒有融化的巧克力結塊的經驗？討人厭的氣態水分子可能會卡在融化的巧克力裡，導致另一種相變發生：凝結。

當水分子凝結，會導致滑順的巧克力結塊，變成粗糙又噁心的混亂狀態。在這個過程中，氣態水分子（蒸氣）會變為液態水分子，干擾巧克力在分子層次的狀態。大熱天時飲料容器出現水滴，也是這一種相變。

凝結和汽化是相等但相反的過程，這就像我通勤上班──來回的距離和時間是一樣的。我開車去上班花了十分

鐘，開車回家也花了十分鐘，不同的是我開往的方向。很類似地，汽化**擴大**了分子之間的距離，而凝結**縮短**了分子之間的距離，讓鄰近的分子之間產生吸引力，使得氣體轉變液體。

液體也可以在不改變化學成分的情況下變為固體，這個過程叫做凝固，當分子靠得夠近，足以液體轉化為固體，就會發生這樣的現象。而就像汽化和凝結是相反的過程，凝固和熔化（也就是我們以為的融化）也是相對的過程。熔化的條件是分子要散開，並且增加彼此之間的距離，才能從固體轉化為液體。但如果要滿足凝固的條件，分子需要彼此靠近，讓物質能夠從液體轉變為固體。

讓東西凝固最快的方法就是塞進冰冷的環境，例如冷凍庫，不過你也可以改變壓力（在實驗室裡）。低溫會迫使分子慢下來，最終縮短分子之間的距離。當我把裹上巧克力的椒鹽卷餅放入冷凍庫，融化的巧克力會凝固成堅硬的巧克力外層。這個過程不會立即發生，而且取決於巧克力層的厚度。有越多分子，就需要越多時間讓分子變得慢到足以形成固體。不過一般而言，所有分子都有凝固點，也就是液體變為固體的溫度。

熔化、汽化、凝結和凝固是最常見的相變，不過還有兩種比較不常見物理變化也值得一提：昇華（sublimation）

和凝華（deposition）。這兩種變化指的分別是固體直接變為氣體，以及氣體直接變為固體。分子在昇華或凝華的過程中，絕對不會變成液體，而是直接固體變氣體以及氣體變固體。要讓這兩種變化發生，分子之間的距離必須快速且劇烈地擴大或縮短。取決於分子的差異，這兩種相變可能會自然在教室中發生，也可能在實驗室的極端溫度和壓力下發生。

　　昇華在大自然中沒有那麼常發生，因為分子必須以超乎常理的速度移動。事實上，在日常生活中，我們並不常觀察到昇華現象。大多數人與這種「相」互動的經驗就是處理乾冰的時候。乾冰（或固體二氧化碳）有一種獨特的性質，可以自行從固體轉變為氣體，也就是分子之間的距離在相變過程中快速擴大。這個過程在大氣壓力和溫度下會自然而然發生，所以乾冰才會普遍被用在音樂劇或演唱會——還有我的教室——來製造煙霧。

　　空氣芳香劑和樟腦丸利用的也是昇華過程，這些物質在固體狀態時會隨著時間釋放一小部分的分子到大氣中，並且產生味道。這兩種系統都會在室溫昇華，但和乾冰不同的是，這個過程可能會長達好幾天，甚至可能需要好幾週才會完成。這就是為什麼每隔幾週就要更換車裡的空氣芳香劑——因為其中的分子不再昇華到空氣中了。

　　與昇華相對的過程是凝華，也就是氣體狀態的分子直接

轉化為固體。在轉化過程中，因為失去了太多能量，以至於分子基本上會在原地停止移動，然後靜止下來。如果你住在氣候比較寒冷的地方，可能會比較常在不知道的情況下看到凝華現象。每天早上，當你望向窗外，如果有看到佈滿冰霜的樹葉，這就是凝華現象的結果。空氣中的水分子在夜間失去太多能量，以至於只能停留在葉子上，形成美麗的冰霜。如果你有坐在戶外觀察過結霜的過程，應該會看到水蒸氣直接變成固體的冰，中間完全沒有變成液態水。

另一個常見的凝華例子是在煙囪內部形成的煤煙；我以前住在密西根的時候，非常喜歡在早上很冷的時候坐在火爐旁取暖，有時候甚至會配上一杯熱可可。當時我還不知道這些原理，但如果我有注意看的話，應該會觀察到煤煙粒子從氣態變成固態時，和灰塵結合在一起的過程。這些煤煙／灰塵粒子會聚集在火爐的內側，留下我媽最討厭的黑色髒汙。在以上的例子中，煤煙的凝華時間比霜的凝華時間要短得多，但我覺得兩種凝華都一樣迷人。

現在讓我們複習一下，總共有六種相變，我把這些相變都整理成下方的表格。

名稱	相變
熔化／融化	固體→液體
凝固	液體→固體
汽化	液體→氣體
凝結	氣體→液體
昇華	固體→氣體
凝華	氣體→固體

　　大多數的分子只要在特定的溫度和壓力下，就會經歷全部六種相變，不過每一種分子都是獨一無二的。有些分子甚至有所謂的三相點（triple point），也就是在特定的溫度和壓力下，分子之間的距離實在太過模糊且無法定義，所以物質會同時處於固態、液態和氣態。以水來說，三相點是溫度為 0.01°C（32°F）而且壓力為 4.58 托（torr）。在實驗室裡，最常用來觀察三相點的方式是把水放入封閉容器，然後把容器抽成真空來降低壓力。

　　話說回來，你有沒有看過一些 YouTube 影片是在阿拉斯加（Alaska），有人把一壺滾水灑向 –52°C 的空氣中？水一離開水壺，就會產生相變：一部分的水分子立刻凝固成小冰柱，但其他的分子會汽化成一大片白色氣體。看起來會像是冰凍的煙火，一大片白色氣體伴隨著弧形墜落的酷炫冰

柱，這時候（只有一瞬間）總共有三種相的水同時存在。水
達到三相點的時候大致上就是這個樣子，真是酷斃了。

　　還有另外一組條件代表的是可以區分液體和氣體的最後
時間點，同樣也是要在特定的溫度和壓力下。一旦超過所
謂的**臨界點（critical point）**，液體和氣體中分子之間的距離
就會有太多變化，導致我們無法定義物質是液體或氣體。
所以，我們會把這種狀態稱為「超臨界流體」（supercritical
fluid），也就是物質處於一種液體－氣體的古怪狀態。超臨
界流體有一部分的性質像液體，也有一部分的性質像氣體
（性質取決於分子的類型）。

　　超臨界流體最常見的用途之一，就是將咖啡去咖啡因。
咖啡豆蒸過之後，會被灌入可以承受高壓的特殊容器，這時
候要將超臨界二氧化碳噴灑在咖啡豆上，讓咖啡因溶解在液
體－氣體中。豆子本身並不會受到超臨界流體影響，所以這
是非常適合用來萃取出咖啡因的溶劑。整個過程最酷的地方
是，可以將咖啡因從超臨界二氧化碳上移除，所以溶劑能不
斷重複使用。

　　以前有一些乾洗店也很喜歡使用超臨界二氧化碳當作
溶劑，因為不用把衣服「弄濕」就能輕易移除衣服上的髒
汙。（我在這裡使用引號是因為超臨界流體不符合一般定義
的濕。這種液體／氣體物質並不是真的處於濕的狀態，但也

絕對不是乾的狀態。）乾洗店會在加壓狀態下把這種物質噴灑在衣服上，不過這麼做會有一個大問題。壓力釋放之後，有些脆弱的鈕扣會碎裂或脫落。由於無法改善衣服的超凝固過程，目前大部分的乾洗店都已經不使用超臨界二氧化碳並改用其他方法。

話說回來，剛才提到的所有相變都是屬於巨觀層次。我們可以用肉眼觀察到凝結、凝固，甚至是超臨界流體，但我們看不到這些變化是怎麼發生的——因為這些都發生在微觀層次。

科學家「看」世界的方式

當化學家、生物學家、地理學家或任何科學領域專家在研究這個世界，都要考量到兩種不同的角度：宏觀（肉眼看得到）和微觀（肉眼看不到）。

如果你必須要用到顯微鏡才能看到某樣東西，那就是微觀層次。

如果你可以用肉眼看到，那就是宏觀層次。

那麼，這些超級迷你的分子究竟發生了什麼事？化學家首先觀察的是電子在分子內的分布方式，這取決於——你沒

猜錯——分子的形狀。這是因為分子的形狀可以讓像我這樣的化學家得知，來自不同分子的電子是如何彼此作用，還有更重要的是，分子是如何在空間中排列。

在某些系統中，分子會整齊排列，像跳康加舞的人一樣，而其他系統則會呈現比較類似頭對腳的配置，像是陰陽符號。要辨識出最常見的分子排列模式相對容易，這也終於可以幫助我們釐清，相變發生時一群群分子在微觀層次是如何變化。

不過為了要這麼做，首先我們需要判斷分子整體的極性。

這時就要回頭談到你已經很熟悉的主題：電負度。

例如氧就是電負度最大的原子之一，請記得這表示當氧在分子中，會把鄰近原子的所有電子都吸往原子核。水分子（H_2O）中的氧原子會導致所有的電子都徘徊在氧附近——而不是兩個氫。

由於電子很不平均地集中在分子中氧的那一側，氧會帶有部分負電荷。這和我們在討論原子如何透過鍵共用電子一樣，只不過現在，我們要分析的是當一個分子中有多個鍵會發生什麼事。

電子在分子中的分布方式分為兩種，因此會有極性和非極性分子。如果分子可以對稱切成兩半，就會視為是極性分

子。這表示電子並沒有均勻分布在分子中，而是有一側帶正電，另一側帶負電——就像標準的磁鐵。

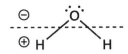

讓我們更仔細地來看看水的電子是如何分布；就像我先前提到的，水的氧帶有部分負電荷。因此，兩個氫帶有部分正電荷。地球上的每一個水分子都是如此。氧一定會帶部分負電，氫則一定會帶部分正電。在這種情況下，我們其實可以把分子分成兩半，變成一端帶正電，另一端帶負電，所以分子會有兩個極。

這種極性分子會產生連鎖反應，在一個水分子的帶正電端和另一個水分子的帶負電端之間形成強大吸引力。這種分子之間的強大吸引力叫做偶極－偶極力（dipole-dipole interaction）。偶極－偶極力只會出現在電荷持續不平衡的分子（亦即極性分子）。

就在此時此刻，你身邊就有數百種偶極－偶極力的存在。如果你人在廚房，蘋果和梨子裡就有這種吸引力；甚至豬肉、牛肉和魚肉裡都有。如果你手邊有一杯水、汽水或甚至是葡萄酒，你接觸到的可是一組尤其特殊的偶極－偶極力，強大到我們必須另外命名。這種吸引力叫做「氫

鍵」，而且異常地強健。水分子就是展現出氫鍵特性的最佳例子，為什麼？因為水這種極性分子含有極性極大的鍵。

不過請務必記得，氫鍵並不是氫和氧原子結合成 H_2O 時形成的共價鍵；氫鍵是在一個水分子的氫原子和另一個水分子的氧原子之間形成。這些氫鍵強力到只需要 6 吋厚的冰就可以撐起滿載的聯結貨櫃車。6 吋的冰可以撐起好幾噸的貨車！太瘋狂了，對吧？

以前有一檔我超愛看的節目叫做《冰路前行》（*Ice Road Truckers*），簡直就是氫鍵形成的最佳例子。身為土生土長的密西根人，我很清楚薄冰極度危險，所以幾乎不敢睜著眼看這些勇敢的卡車司機是怎麼行駛過好幾英里的冰路。不過氫鍵的強度真的很驚人，連載滿貨物的卡車都可以開在加拿大凍結的湖面上。

幸好，現在卡車司機有精密的技術可以用來評估冰的完整性，避免可怕的意外發生。不過他們可能不知道，自己測量的其實是存在於水分子之間的吸引力。也就是說，當這些氫鍵被破壞，分子就能進行相變。

如果有一小部分的氫鍵被破壞，凍結的冰會融化成液態水，那麼任何在凍結湖面上閒晃的人可就麻煩大了。然而當所有的氫鍵都消失，液態水就可以轉變為水蒸氣（蒸氣）。所以，我們看到冰塊融化或一壺水煮滾的時候，其實觀察到

的是氫鍵正在被破壞。

　　相對地，我們也可以觀察到氫鍵形成的過程，也就是冰塊凝固和液態水變為固態水（冰）的時候。我最拿手的示範實驗之一叫做雷雨雲（thundercloud），運用的就是這種相變。我把熱水倒進一桶液態氮的時候，會迫使水在桶底凝固，而在這個過程中，熱水的熱能會轉移到液態氮，導致液態氮（N_2）汽化成一大片氮氣雲。

　　和水一樣的是，氮分子之間的吸引力必須先被破壞，氮才能從液體變為氣體。但不同於水的是，氮不會形成氫鍵，因為這種吸引力只會出現在極性極大的分子。相對地，氮分子之間會形成分散力。

　　當特定樣本中的分子之間作用力相對較弱，就會產生分散力。還記得我們在上一章提到的討厭鬼反式脂肪嗎？反式脂肪之所以可以這麼緊密地疊在一起（然後導致人類的動脈阻塞），就是因為運用分散力把分子緊緊相互固定。任何非極性分子都有這樣的特性。

　　那麼，非極性分子到底是什麼意思？

　　非極性分子沒有帶正電端或帶負電端，而是所有的電子都對稱地分布在分子各處——就像一塊完美的巧克力片餅乾，巧克力碎片均勻分布在整塊餅乾上。把餅乾分成兩半的時候，不會有一半餅乾的巧克力碎片多於另一半。這個原則

適用於所有的非極性物種──分子裡的電子均勻分布。

　　不過，非極性分子最奇妙的地方在於：有這麼十億分之一秒，這種分子會變成極性分子，然後又瞬間回復正常。就像我可以為了拍照穿著正裝幾分鐘，然後馬上拿下那頂傻帽子，變為原本的普通凱特。

　　那麼分子又是怎麼玩「變裝遊戲」，讓電子變得分布不均呢？這麼說好了，每一個原子和分子，不論大小，都可能在某個瞬間呈現原子中的電子不均衡的狀態。舉例來說，氮分子（N_2）有十四個電子，由兩個氮原子共用。在某一秒鐘，有可能會有六個電子位在分子的左側，另外八個電子位在右側。在這瞬間，氮分子的左側會帶有非常小的部分正電荷，分子右側則會帶有部分負電荷。

　　在我的雷雨雲實驗中，有個氮分子（分子A）非常接近另一個氮分子（分子B）。當八個電子突然間出現在分子A的右側，分子B的電子會感受到那股負電荷並且遠離。這有點像是和朋友一起去鬼屋，突然有個骷顱跳出來，你（還有你朋友）會往後跳然後往其他方向狂奔，對吧？沒錯，分散力也是相同的道理。只要某個瞬間有一個分子中的電荷不平衡──也就是有個骷顱嚇壞了一大群人──就會在整個物種（或一大群）的分子引發電荷的骨牌效應。

　　話雖如此，分子會試著盡快讓電子重新分布，才能完成

永遠的任務：找出分子中電子之間的最大距離。骨牌效應的效果只會維持不到一秒鐘，直到在下一次的骨牌效應重新出現。電子的這種級聯效應非常常見，這也是為什麼非極性分子可以保持團塊狀，而不是飄進大氣中。要是沒有這種作用，每一個液態氮分子都會和附近的分子保持距離，汽化之後飄到外太空，我精彩的實驗也就會徹底失敗。

　　這些分子之間的吸引力實在太過常見（而且重要），以至於我們必須特別命名：分子間作用力（intermolecular forces，IMF）。氫鍵、偶極－偶極力和分散力都是分子間作用力的一種類型。當這些吸引力在分子之間形成，氣體可以變為液體，液體也可以變為固體。相對地，當這些吸引力遭到破壞，固體可以變為液體，液體也可以變為氣體。

　　以雷雨雲實驗來說，水凝固時，我讓水分子之間形成了氫鍵，而氮汽化時，我則破壞了氮分子之間的分散力。這兩種物理變化發生得非常快速（而且是在受限的空間中），所以我可以製造出驚豔全場、三層樓高的雲。

　　你應該有注意到，我覺得相變和分子間作用力非常迷人。關於分子之間的距離和相應的分子間作用力是怎麼導致物質最後變成某種相，我可以連續寫個好幾天。不過我想你應該覺得差不多該往下一個主題前進了——那麼來炸點東西如何？

4
鍵會斷開自有理由
化學反應

——

　　目前為止，我們已經認識了原子、分子和相變。我們已經知道水是由兩個氫原子和一個氧原子組成，而且可以是固體（冰）、液體（水龍頭流出來的水）和氣體（蒸氣）。但如果有另一個分子——完全不同的分子——跑過來破壞了氫和氧之間的鍵，也就是形成 H_2O 的必要條件，會發生什麼事？原子會重新排列並形成新的分子嗎？如果產生了新的分子，我們可以逆轉反應，讓原本的分子重新出現嗎？還是會像電影《回到未來》（*Back to the Future*）裡的主角馬蒂・麥佛萊（Marty McFly），一個小改變就會牽一髮動全身？

　　這些問題是我在化學裡最喜歡的環節，因為答案就是化學反應的基礎知識。

　　在我們開始深入瞭解化學反應之前，必須要先釐清兩個概念。首先是化學方程式和化學反應之間的差異，如果你搞混這兩件事，對科學家來說就像聽到指甲刮黑板，當然對你

的大學教授來說也是（輕咳）。

幸好，區分方法超級簡單。

化學**反應**是發生在實驗室。

化學**方程式**是寫在紙上。

在實驗室裡，我可以在燒瓶中混合兩種化學物質來促成化學反應。我通常會穿著實驗衣，仔細觀察化學反應的每一個步驟。在這個過程中，反應可能會是顏色改變或甚至是相變（例如從固體變液體），因為在分子層次有事情正在發生。

原子正在重新排列。

相對地，如果我只是想要記錄實驗，強調使用了哪些化學物質以及各用了多少，我就會寫出所謂的化學方程式，其中分為三個部分：（1）表示反應物的一側、（2）箭號，以及（3）表示產物的一側。反應物一律位在箭號左側，產物則是一律位在箭號右側。一般的化學方程式看起來就像這樣：

$$反應物 \rightarrow 產物$$

或是像這樣：

$$A + B + C \rightarrow D$$

A、B、C和D代表不同的分子，像是水或二氧化碳。

不過現在讓我們用比較有趣的角度來思考看看，例如說甜點。如果我的化學反應是製作蛋糕的過程，那麼反應物就會是做蛋糕所需的全部化學物質──或食材。所以在我的化學方程式中，所有的食材（例如麵粉、糖、雞蛋）就會位在方程式的左邊。產物則會是在化學反應過程中產生的所有化學物質──也就是蛋糕！因此，製作蛋糕的化學方程式會看起來像這樣：

麵粉 + 雞蛋 + 糖 → 蛋糕

上方的化學方程式所代表的意思是，蛋糕配方是一份麵粉，一份雞蛋和一份糖──或者一杯麵粉，一顆雞蛋和一杯糖。如果你有烘焙經驗，這份可怕的蛋糕食譜應該會讓你想尖叫。以傳統蛋糕來說，這是很糟糕的比例，所以上列的化學反應所產生的最終產物會超級難吃。

如果化學方程式中的化學物質比例有誤，我們會說這個方程式不平衡。方程式不平衡的意思是配方不好，最後會產出不好的產物。在化學中，不平衡的化學方程式毫無用處。這時候，就必須要平衡化學方程式，例如我們可以在化學方程式加入係數──或數字。這些係數要加在化學方程式中的分子前方，來表示產生產物所需的正確比例。如果做

出一個蛋糕需要三杯麵粉、四顆雞蛋和一杯糖，可以這樣調整化學方程式來表示這些份量：

3 麵粉 + 4 雞蛋 + 糖 → 蛋糕

需要注意的是，化學方程式不會用到數字 1。所有的 1 係數都是隱含在內，不會標示在任何化學方程式中。

只要再加上一種反應物可可粉，我們就可以輕易地把食譜調整巧克力蛋糕的配方，所以現在的方程式會是：

3 麵粉 + 4 雞蛋 + 糖 + 可可粉 → 巧克力蛋糕

這個方程式也不平衡，因為可可粉很苦，這表示我們必須調整所需的糖量。所以，就要把方程式調整到平衡的狀態。新的配方會是這樣：

3 麵粉 + 4 雞蛋 + 2 糖 + 可可粉 → 巧克力蛋糕

就連巧克力蛋糕的配方也可以快速修改成布朗尼或巧克力餅乾的做法。這是因為麵粉、雞蛋和糖是很多甜點的基礎，就像原子和分子是化學的基礎。

現在讓我們回到一般的方程式：

$$3A + 4B + C \rightarrow D$$

這則化學方程式充滿了各種珍貴的資訊，讓我有規則——或配方——可循，來產出正確的那個產物：D。如果我想要做出一模一樣的 D，就必須在燒瓶加入三份 A、四份 B 和一份 C。我會花幾個小時攪拌，也許再加一點熱能，最後一份 D 終於形成。

但是「一份」D 是什麼意思？是一杯嗎？一公克？一公斤？

其實，是一莫耳（mole）。

你可能會心想，莫耳是什麼鬼？在化學中，莫耳不是毛茸茸的可愛動物，也不是美味的巧克力醬，而是一個非常特定的數字，可以幫助我們判斷反應中有多少分子。這時就得提到瞭解化學反應之前必須釐清的第二個概念——也就是莫耳是什麼，以及為什麼莫耳很重要。

莫耳的概念最早是在 1811 年由義大利科學家阿密迪歐・亞佛加厥（Amedeo Avogadro）提出，不過是德國化學家威廉・奧斯特瓦爾德（Wilhelm Ostwald）率先使用「莫耳」（Mole）這個詞——是德文的分子（Molekül）的縮寫。

雖然沒有使用「莫耳」這個詞彙，但亞佛加厥假設，如果兩個樣本的氣體具有相同的溫度、壓力和體積，就會含有相同數量的分子。「如果」符合以上三個條件，氣體的種類就無關緊要。

舉例來說，假設我的教室裡有一個氧氣的氣球和一個氮氣的氣球，兩顆氣球都處於相同的溫度，大小也完全一樣。由於氣球的體積沒有變化，這表示氣球內部的壓力和氣球外部的壓力相同，這也表示兩顆氣球的壓力相同。如果氣球的溫度、體積和壓力都相同，那麼根據亞佛加厥的假設，兩顆氣球的內部會有數量完全相同的分子。換句話說，我的氮氣氣球和氧氣氣球會有數量完全相同的分子，唯一的差別是氣球裡的分子種類。

1865 年，奧地利化學家約翰‧洛施密特（Josef Loschmidt）找到了確認氣態樣本中分子數量的方法，並提出計算數密度的方程式——也就是計算特定體積中分子數量的方法。他發現了一個非常特殊的常數，可以佐證亞佛加厥在 1800 年代初期提出的各種加設。因此，在 1909 年，當法國物理學家讓‧佩蘭（Jean Perrin）使用洛施密特的「神奇」數字，將樣本的質量換算成相應的分子數量，他把這個數字稱為「亞佛加厥常數」，來紀念阿密迪歐當初對這個主題的貢獻。

我一直很好奇，洛施密特會不會因為這個數字被這樣命名，而覺得自己被瞧不起。總之，佩蘭把 6.022×10^{23} 定義為亞佛加厥常數，代表 32 公克的雙原子氧樣本中精確的分子數量。

當時佩蘭的發現相當具有開創性，不過在 2019 年，莫耳的定義修正了。國際純化學和應用化學聯合會（IUPAC）想要針對幾種基本單位採用更簡單的定義；因此他們提議更新莫耳的定義。這項提議很快就被學界接受，因為這樣一來我們就不必再用特定樣本來比較原子數量，例如碳或氧。

在新的定義中，莫耳被定義為含有正好 6.022×10^{23} 個實體的樣本。身為化學教授，我在聽說這個新定義之後忍不住跳了一下舞，畢竟比起強迫學生記得亞佛加厥、洛施密特和佩蘭的整段歷史，教導他們莫耳只是一組數字真的簡單多了。

在新定義之下，莫耳這個詞代表的就是數字 6.022×10^{23}。就是這麼簡單，只是一組數字。就像十年指的是 10；一世紀指的是 100；一籮（gross）指的是 144，一莫耳指的是 6.022×10^{23}。

還記得上一章有討論過我們看得到的世界（宏觀）以及我們看不到的世界（微觀）嗎？莫耳就是連接起這兩界之間鴻溝的橋樑，我們可以運用莫耳來將宏觀世界的質量，換算

成微觀世界的分子數量。

像我這樣的科學家需要確認特定樣本中的分子數量時，莫耳就是判斷準則，而我們也真的有這種需要，例如打算製作蛋糕或引發爆炸的時候。

在化學裡，莫耳是非常巨大的數字。以下的數字可以當作參考依據：10^6 是一百萬，10^9 是十億，而 10^{12} 是一兆。莫耳實際上的數值是 602 皆（sextillion）或 602,200,000,000,000,000,000,000。

602,200,000,000,000,000,000,000 ！

> ### 莫耳不是公克（也不是茶匙或湯匙或 PI）
>
> 需要特別注意的是，3 莫耳的 A、4 莫耳的 B 和 1 莫耳的 C 並不等於 3 公克的 A、4 公克的 B 和 1 公克的 C，莫耳的用法並不是這樣。還記得元素週期表裡的原子量嗎？原子量不僅代表質子和中子的平均數量，也能讓我們得知 1 莫耳之中每種元素各有多少公克。
>
> 以鈷的例子來說，如果我們查看一下這本書最後面的元素週期表，就可以知道 1 莫耳的鈷含有 58.93 公克的鈷。所以，如果我的化學方程式需要用到 3 莫耳的鈷，我就會知道要在實驗室裡量出 176.79 公克的鈷（58.93×3＝176.79）。如果我只加入 3 公克

的鈷來產生化學反應，結果不會太好，因為我少放了 173.79 公克的起始材料。

我們在化學方程式中使用莫耳這個單位，是為了確保我們有備齊化學反應所需的完美比例原子。否則就會像是想做出生日蛋糕，卻用了六桶麵粉然後混入一杯糖，這不可能會成功的。

　　兒科傳染病學專家丹尼爾・杜雷克（Daniel Dulek）曾在 TED-Ed 講解過莫耳這個主題，他的解說真的是我聽過最貼切的譬喻。如果你在出生當天獲得了一莫耳的美分，然後每秒丟掉一百萬美元，直到你一百歲為止，那麼在你一百歲的生日當天，你手上還是有這筆錢的 99.99%。

　　在長達一百年的時間裡，每秒花掉一百萬美元，卻總共只花了這筆錢的 0.01%。

　　你有辦法想像嗎？

　　莫耳就是個大到嚇死人的數字。

　　不過讓我們回到原本的重點，使用莫耳這個單位的目的是明確指出化學反應所需的分子比例。在化學方程式中，莫耳的數量會以係數來表示。

　　所以如果我們說需要 3 莫耳的 A、4 莫耳的 B 和 1

莫耳的 C，來產出 1 莫耳的 D，真正的意思其實是我們需要 1.807×10^{24} 個分子的 A、2.409×10^{24} 個分子的 B 和 6.022×10^{23} 個分子的 C，來形成 6.022×10^{23} 個分子的 D。（請記得，1 莫耳等於 6.022×10^{23} 個分子，因此 3 莫耳的 A 實際上是 1.807×10^{24} 個分子，或 $6.022 \times 10^{23} \times 3$ 個分子。）

用以下的化學方程式來表示這些資訊就簡單多了：

$$3A + 4B + C \rightarrow D$$

現在你已經瞭解化學界專用的莫耳和方程式了，所以我們可以進入精彩的部分：分析不同類型的化學反應。

如果仔細觀察典型的化學反應，會發現不是在破壞鍵，就是在形成鍵，整個過程與能量的吸收和釋放直接相關。這個化學分支叫做熱力學（thermodynamics）——你可能有在加熱或冷卻技術相關的領域聽過這個詞。不過如果要理解這一章的內容，你需要知道的是熱力學的重點在於化學反應中的能量流。

能量流會是正值或負值，而計算能量流的方法就是分析破壞所有的鍵所需要的總能量，以及所有的鍵形成時所釋放的總能量。最簡單的記憶法是：

總能量＝斷開的鍵－形成的鍵

　　如果加入反應的能量多於釋放的能量，那麼反應的總能量會是正值。現在讓我們用一些超誇張的數字來進一步釐清這個概念。在這個例子中，我會使用焦耳（joule）這個最常見的能量單位。在化學中，如果要計算能量範圍，我們通常會把千焦耳（kilojoules，kJ）當作衡量單位。在焦耳前方加上千（kilo）代表我們使用的單位是一千焦耳。

　　假設我們需要 500 kJ 的能量來破壞全部原有的鍵，並且在形成新分子時釋放 250 kJ 的能量，方程式看起來會像這樣：

總能量＝ 500 kJ － 250 kJ

總能量＝＋ 250 kJ

　　這裡的淨耗能量是正值，也就是 +250 kJ。在以上的例子中，破壞鍵所需的能量多於形成新的鍵所釋放的能量，這有可能是因為原有分子的鍵比剛形成的產物還要強。由於反應物（原有的鍵）比產物（新形成的鍵）更穩定或有更多能量，這樣的能量變化被定義為**吸熱**。

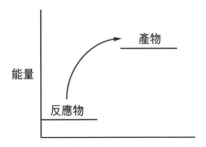

　　每當化學反應中有鍵被破壞，都會需要額外的能量，這
表示破壞鍵的過程一定會是吸熱。讓我們用下列方程式來理
解這個過程，其中普通的共價鍵 A–B 斷裂後變成了原子 A
和原子 B：

$$A - B + 能量 \rightarrow A + B$$

　　方程式加上「＋能量」是為了表示這是吸熱的過程。
　　這種化學反應的運作方式和我們小時候玩的遊戲紅色漫
遊者（Red Rover）一模一樣，你還記得怎麼玩嗎？其中一
隊要全部手牽手，另一隊的其中一個人必須從敵隊的兩個
人之間跑過去，試著破壞他們的連結——也可以說是他們的
鍵，而這兩個人絕對不能在遊戲過程中放開彼此的手。某
個人必須要用足夠的能量跑過去，才有辦法破壞隊員 A 和
B 之間的連結。要破壞原子 A 和 B 之間的鍵也是類似的過

程，我們必須要採取某種動作，才能促使原子分開，鍵不可能自己斷開。

　　如果想明白這整個過程，只要想想爬樓梯的狀況就會懂了。從樓梯第一階爬上最後一階時，你必須用自身的能量把腿抬起來並踏上下一階。我們爬樓梯所付出的力量，就像破壞原子 A 和 B 之間的鍵一定得加上的熱能／能量。

　　如果在反應中加入足夠的熱能（亦即能量），就可以迫使原子分開，分解反應就是這麼一回事。另外我覺得值得一提的是，有足夠熱能觸發反應和直接燒毀所有東西之間，其實是有很細微的差異。我已經數不清自己到底在實驗室裡燒掉樣本和在家裡烤焦餅乾多少次。而就像食物燒焦一樣，分解反應會導致分子變黑，甚至有可能散發出難聞的氣味。

　　像氫氧化鋁這樣的分子，只要把足夠的熱能加入系統，就會分解得非常快速。其中的鍵會立刻斷開，所以原子會分離。在分解過程中，氫氧化鋁吸收的熱能多到可以保護下方的東西，這就是為什麼氫氧化鋁通常會被當作阻燃材質的填充物（因為熱能無法穿透氫氧化鋁層）。你應該可以看得出來，我非常熱愛這種有強大吸熱性質的化合物。

　　其他分子會需要用到更多能量，化合物的鍵才會斷開。舉例來說，當像氧這樣的分子和紫外線這種高能量產生作用，分子中的鍵會解離，也就是斷開。紫外線的能量實在太

強，以至於分子立刻分解。當我們吸進的氧氣——所謂的雙原子氧 O_2——遇到這種狀況，雙鍵會斷開並釋放出兩個單原子的氧原子（O），請看以下的圖示：

$$O = O \rightarrow O + O$$

只有當分子吸收了傳來的能量，氧才會像這樣分解。能量破壞了雙鍵並迫使兩個氧原子進入更高的能量狀態。這種反應發生在平流層時，兩個氧原子會非常不滿於現狀，並立刻試圖重新形成雙鍵。有些單原子原子甚至會抓住第三個氧來形成臭氧（O_3），基本上這些原子會用盡一切辦法來與鄰近的原子重新形成鍵。

那麼，這種過程的原理是什麼？形成鍵背後的化學原理又是什麼？

為了回答這些問題，我們得先回去討論一下那些誇張的數字。已知需要 +500 kJ 的能量才能破壞現有的鍵，不過我們要假設反應在形成新分子的時候釋放了 750 kJ 的能量。這一次的淨能量變化是 –250 kJ，代表在這次化學反應的過程中，釋放的能量大於吸收的能量。

總能量＝斷開的鍵－形成的鍵

總能量＝ 500 kJ – 750 kJ

總能量＝ –250 kJ

　　當新形成的鍵比原有的鍵還要強，就會是**放熱**反應。負能量反應很酷的地方在於，這種反應通常會自然而然發生。

　　如果我們仔細觀察固態鋇金屬和氯氣之間的放熱化學反應，會看到這兩個物種結合並形成新鍵的過程。在這種情況下，鋇金屬會與氯氣形成離子鍵，並產生新的離子分子：氯化鋇。這種化學反應可以用以下的化學方程式來表示：

$$Ba + Cl_2 \rightarrow BaCl_2$$

　　雖然這則方程式好像沒有直接呈現出來，但請相信我，鋇和氯與彼此形成離子鍵之後，都會處於比較低的能量狀態。鍵形成時會釋放能量，因為反應物的能量高於產物。

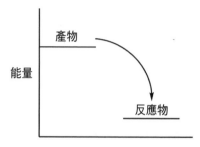

我們可以用化學方程式來呈現這個過程：

$$Ba + Cl_2 \rightarrow BaCl_2 + 能量$$

或是更簡略地標示成：

$$A + B \rightarrow A - B + 能量$$

當兩個原子之間形成鍵，這兩個原子內部的能量會變低。大自然總是會朝能量較低的狀態演變；就像我們忙了一整天之後，要做出引體向上的動作會非常累人，原子也不喜歡在化學反應中處於較高的能量狀態。在化學裡，低能量是好事，因為這樣產生的分子會遠比原本的原子穩定。

請記得，在化學中，穩定的意思是分子比較不容易和其他分子產生反應——更重要的是，分子的電子會被拉向每個原子的核內的質子。電子和質子之間有這種強大的吸引力，就表示價電子受到比較多「保護」，因此比較難和其他分子產生反應。

整體的能量變化是負值時就會是這樣的狀況：原子輕易地重新排列，達到最低能量狀帶，因此產物會比反應物更穩定。與分解反應相對的化合反應就是這麼一回事。如果你

在猜想分子也許會像碧昂絲（Beyoncé）和伴舞舞者一樣合體，你猜的沒錯。化合反應指的是兩個原子或分子合在一起並形成新的鍵，就像碧昂絲和舞者排成合而為一的隊形。

　　一般的放熱反應就是典型的化合反應：反應物 A 與反應物 B 產生作用並形成產物 A–B。促成這種反應的條件就是 A 和 B 之間要形成鍵，這表示兩個物種必須彼此吸引。化合反應可能會出現在兩個原子、兩個分子或甚至一個原子和一個分子之間。

　　A 和 B 之間形成的鍵可能是離子鍵或共價鍵。通常來說，化合反應的結果會是比較有力的狀態，因為新分子比原本的反應物穩定。更明確地說，如果新的鍵沒有比較穩定，一開始根本就不會形成新鍵。這種作用方式類似於完美伴侶的概念：兩個人在一起比分開好，因為伴侶可以帶出另一半最好的一面，雙方和另一半有連結的時候都感到更快樂。在化合反應中，原子透過鍵相連的時候也是處於比較理想的狀態。

　　鐵和氧之間的反應就是很好的例子：當固態鐵接觸到過量的氧會生鏽。在這種反應中，鐵和氧產生化合反應並形成氧化鐵，如下所示：

$$2Fe + \frac{3}{2}O_2 \rightarrow Fe_2O_3 + 能量$$

這是一種放熱反應，代表氧化鐵比鐵或氧本身穩定得多。這也就是鏽為什麼那麼容易生成的原因之一；相較於單獨存在，鐵寧可和氧結合。

化學中的兩種基本反應——化合和分解——都是相對單純的反應。如果不是在分解反應中加入能量來破壞鍵，就是在化合反應中形成新鍵時釋放能量。可惜的是，大多數的化學反應都沒有那麼簡單。常見的狀況是同時有多個鍵斷開，接著又有多個鍵形成。這表示需要在反應中提供足夠能量，才能破壞反應物中必要的鍵，來促成原子重新排列並形成產物中的新鍵。

例如，假設有兩個分子 A–B 和 C–D，在下列的化學方程式中，A 和 C 是陽離子（＋），B 和 D 則是陰離子（–）：

$$A-B+C-D \rightarrow A-D+B-C$$

如果要讓這個反應繼續進行，我需要在燒瓶加入足夠的熱能，才能破壞 A 和 B 之間的鍵以及 C 和 D 之間的鍵。一旦鍵斷開，原子就會重新排列，並且在 A 和 D 以及 B 和 C 之間形成新的鍵。（請注意，A 和 C 互斥，因為他們都是帶正電。B 和 D 也會互斥，不過帶的是負電荷。）

你可能會好奇為什麼 A 和 D 以及 B 和 C 決定形成新的

分子，而不是回去找原本的夥伴。答案很簡單：新鍵比較有利。A 和 D 之間的吸引力比 A 和 B 之間的吸引力更強。

你有聽過萊恩・雷諾斯和布蕾克・萊芙莉（Blake Lively）相遇的故事嗎？這個故事非常有意義，我保證。

萊恩和布蕾克是在雙重相親的場合相遇，但他們本來是和其他人配成一對。萊恩和另一位女性在一起，布蕾克則是和另一位男性在一起。顯然，他們兩人對原本約會對象都沒什麼感覺，結果隔著桌子和對方陷入了愛河，就像下方標示的一樣：

萊恩－女性 + 布蕾克－男性 → 萊恩－布蕾克 + 女性－男性

他們尷尬的相親正好模擬出雙置換反應（double replacement reactions）最典型的狀況：在反應物的一側有兩個鍵斷開，而在產物一側有兩個鍵形成。新鍵比原本的鍵更強大，因為現在原子之間的吸引力比較強，萊恩和布蕾克之間超級可愛的婚姻就是很有力的證明。

對了，如果他們最後分手，我一定會超級崩潰，因為他們的故事根本就是雙置換反應的完美譬喻。現在，我要先假設他們的關係堅若磐石，而且擁有一段無憂無慮的婚姻。

如果萊恩和布蕾克代表的是雙置換反應，那麼影集《慾

望城市》（*Sex and the City*）裡的男女主角凱莉和「大人物」
就是燃燒反應。他們時而復合、時而分手的關係非常具有反
應性和爆炸性，而且通常會伴隨著很多熱能（和能量）。為
了用簡單一點的方法解釋，現在我要分析一下我最愛的反應
之一：氫的燃燒。（我提醒過你我要炸一點東西，對吧？）

在這個化學反應中，氫和氧氣反應並形成水，如下：

$$H_2 + O_2 \rightarrow H_2O + 能量$$

然而，這則化學方程式有個大問題。在反應物的一側有
兩個氧原子，產物的一側則只有一個氧原子，就如我在這一
章前面提到的，這表示化學方程式並不平衡。因此，我們需
要加上係數來讓整個反應過程中的原子數量保持一致。平衡
的化學方程式看起來會像這樣：

$$2H_2 + O_2 \rightarrow 2H_2O$$

現在，左側有四個氫原子（每個氫分子各有兩個），右
側有四個氫原子（每個水分子各有兩個）。左側同時也有兩
個氧原子（氧分子有兩個），右側也有和兩個氧原子（每個
水分子各有一個）。

　　每次我點燃氫氣球，氣體會開始燃燒並發出非常大的爆破聲。我們聽到爆炸聲的時候，其實就是聽到氫和氧原子重新排列並形成兩個新的水分子。由於這個過程發生在微觀層次，我從來沒有感覺到有任何水滴產生。

　　從微觀的角度來說，這表示需要有兩莫耳的氫和一莫耳的氧，才能產生兩莫耳的水（也就是 1.204×10^{24} 個氫分子與 6.022×10^{23} 個氧分子產生反應，並形成 1.204×10^{24} 個水分子）。如果要讓這個化學反應順利進行，所有的氫—氫鍵和氧—氧鍵都必須斷開，氫和氧之間的新鍵才有辦法形成。

　　為了讓事情單純一點，讓我們看看沒有用到任何係數化學方程式。這個版本的化學方程式在準確度方面沒有任何問題，只是不太普遍而已。

$$H_2 + H_2 + O_2 \rightarrow H_2O + H_2O$$

　　從方程式中可以看到，需要破壞三個不同的分子，才能形成兩個新的分子，但這樣還是很難看出分子內部的鍵結狀態。因此，我們可以把化學方程式改寫成更實用的版本：

$$H–H + H–H + O=O \rightarrow H–O–H + H–O–H$$

　　在這個版本的化學方程式中，我們可以更清楚地看見反應中所有原子之間的鍵結狀況。如果我們利用很多化學專書（包括課本）都有附的鍵能——形成或破壞鍵所需的能量——表格，就可以實際預測出化學反應是放熱或吸熱。H–H、O=O 和 H–O 的平均鍵能分別是 432、495 和 467 kJ，把這些數字套入方程式之後，我們就能判斷氫燃燒過程中的能量變化是正值或負值。

總能量＝斷開的鍵－形成的鍵

總能量＝[H–H ＋ H–H ＋ O=O] – [H–O–H ＋ H–O–H]

斷開的鍵　　　　　　　　**形成的鍵**

　　水有兩個同樣的氫—氧鍵，所以可以把方程式中「形成的鍵」的部分改寫成：

總能量＝[H–H+H–H+O=O] – [H–O+H–O+H–O+H–O]

有兩個氫—氫鍵和四個氫—氧鍵，這表示我們可以把方程式簡化成：

$$總能量 = [2(H–H) + O=O] – [4(H–O)]$$

套用上方提到的鍵能數值之後，終於可以計算出氫燃燒的總能量變化是負值。

$$總能量 = [2(432) + (495)] - [4(467)]$$

$$總能量 = -509\ kJ$$

所以這是放熱反應，而且反應物的能量多於產物的能量。不過這背後的意義究竟是什麼？我們可以從這個數字看出的第一件事，就是這個反應可能是自發過程（亦即單獨產生反應）。這不太令人意外，畢竟大多數人都知道氫會爆炸而且易燃。

我們可以從以上數字得知的第二件事，是這個反應應該會很高溫。放熱反應一**定**會讓溫度上升，放熱就是以熱能的形式釋放能量，如果我們和反應距離太近，就會在生理上感覺到熱。

這一點很重要，因為當科學家可以從反應準確預測相應

的能量轉移，便能利用化學反應打造出驚人的技術，例如暖暖包。之前我和先生在 11 月中旬去巨杉國家公園（Sequoia National Park）旅行，他因為記得帶暖暖包而從我這裡得到了一大堆布朗尼點數。當時一大早的健行行程真的是寒風刺骨，我根本不能沒有我的「化學熱口袋」。

如果你從來沒有用過暖暖包，可以想像有個像小茶包的東西裝滿了黑色粉末，當粉末——成分是鐵——接觸到空氣中的氧，會產生放熱反應，可以連續好幾個小時釋放熱能，讓我的雙手維持暖烘烘的狀態。不過更驚人的是，同樣的科學原理也可以用於提高住家小空間的溫度，或是將熱帶魚運送到新地點時保溫。單是一種化學反應就可以有各式各樣的創意應用。

相對地，吸熱反應則會有涼涼的觸感。舉例來說，你喉嚨痛的時候媽媽有沒有叫你用鹽水漱口過？我媽媽有——而且是每一次。我會用水溶解食鹽並調成鹽水溶液，然後攪拌至少一分鐘，再用鹽水漱口來舒緩喉嚨的痛。不過以前我一直覺得很奇怪，鹽水為什麼總是很涼。每次把食鹽加到水裡，水的溫度就會在我攪拌鹽溶液的時候下降，而且屢試不爽，你試試看就知道了！

大部分的鹽類加入水中之後，都會產生吸熱反應。混合的溶液會比原本的液態水低溫，而所有的吸熱反應都會有這

個共同特徵。

　　如果你有使用過極效冰敷袋，那麼你人生中應該有某個時刻很感謝這種科學原理。極效冰敷袋含有兩個不同的內袋，第一個袋子裡裝的是鹽類，例如硝酸銨，而第二袋子裡只有裝水。硝酸銨通常會用在冰敷袋，是因為溶解於水的時候吸熱——冷卻——反應會特別明顯。

　　以前每當我們在足球場上需要醫療處置，教練都會抓起極效冰敷袋然後立刻開始用力打。長大之後我才知道，其實只要擠壓冰敷袋就可以有一樣的效果。這兩種方式都會破壞冰敷袋的兩個內袋，促使其中的兩種物質產生作用。鹽一接觸到水就會開始快速溶解並降溫，可以立刻對受傷部位產生舒緩效果。

　　暖暖包和極效冰敷袋都是很重要的用品，通常會是野外急救箱的必備物資。我們有辦法利用兩種基本的化學反應，打造出這麼厲害的急救用品，實在是太驚人了。

　　恭喜！現在你**幾乎**學完了我在六週的普通化學基礎課程中會教到的所有內容。你應該已經能夠清楚說明原子的結構，以及原子之間如何形成鍵；也應該會分辨離子鍵和共價鍵，以及解釋分子之間如何形成鍵；你應該懂得物理變化和

化學變化之間的差異；最後，你也應該能夠解說化學反應過程中發生的能量變化，還有簡單敘述吸熱和放熱過程之間的不同。

　　既然你已經從化學入門課畢業了，我很期待能進入這本書的第二部。我們奠定了足夠的化學基礎，所以可以開始討論更有趣的主題，例如早餐裡的科學原理，還有洗髮精到底是怎麼一回事。化學就存在於你的日常生活中，我想當你知道化學在哪裡以及你有多常接觸到化學後，一定會非常吃驚。那麼，準備好你的圍裙吧，因為我們要直接進廚房了！

從這裡到那裡，化學無所不在。

CHEMISTRY HERE, THERE, AND EVERYWHERE

5
起床的最大動力
早餐

———

　　由於你已經掌握了基礎的化學原則，我想要帶你度過很普通——但有點忙碌——的一天。我會指出其中的各種科學原理，並且讓你看看我最喜歡的實際例子。不過容我提醒一下，如果你需要快速複習前幾章介紹的任何專有名詞，可以利用本書最後附的詞彙表來喚起記憶。該說的都說完了，就讓我們從一天的起點開始：早餐。

　　你有沒有聽過別人說，他們早上在喝下第一杯咖啡之前都很暴躁？也許這根本就是你本人，或者也許你有注意到上司喝下早晨的義式濃縮咖啡之後變得比較和善。已經有決定性的證據顯示，咖啡會影響我們的心情，多半是因為人很容易對咖啡因分子依賴成性，當身體積極地想要得到更多咖啡因，人就會變得易怒。別難過，我也會這樣。每、天、早、上、都、會。

　　三甲黃嘌呤——通常稱為咖啡因——是一種無氣味的白

色粉末，並帶有苦味。天然的咖啡因存在於咖啡豆和茶葉裡，因此我們很少看到粉末的型態。攝取之後，咖啡因會產生像精神藥物（例如尼古丁或嗎啡）的作用，也就是會搞亂大腦運作的方式，並且影響人的行為。有些精神藥物只會影響心情，但藥效更強的種類則真的會影響人的意識。整體而言，咖啡因的作用相當輕微；對我們的中樞神經系統（包含脊髓和大腦的部分）造成的影響微乎其微。

那麼這些作用到底是怎麼回事？咖啡因進入你的身體之後會怎麼樣？一個簡單的分子是如何帶給我們這麼多「能量」？又為什麼會影響人的行為？

首先，咖啡因的分子式是 $C_8H_{10}N_4O_2$ 而且含有官能基嘌呤（functional group purine），這表示這種分子有一個五員環融合到六員環，其中每個環各含有兩個氮原子。（所謂的五員環其實就是有五個原子組成環狀，而不是五個原子排成一列。同樣地，六員環是六個原子組成環狀。）

以上的分子結構非常重要，因為這讓咖啡因可以與人類大腦的特定受器鍵結在一起。這些受器通常會試圖和人體原有的分子腺苷結合，但是受器卻被混淆，並意外和咖啡因連結。這對人體來說是個大問題，因為腺苷是用來產出更大的分子（RNA），而且是對攸關人命的分子。幸好，和咖啡因形成的鍵只是一時的，因此並不會永久阻礙腺苷發揮原有的

功能。

一般而言，腺苷和我們大腦中的受器產生作用時，我們會覺得想睡或昏昏沉沉。因此當腺苷無法和大腦受器結合，咖啡因就可以避免頭腦昏沉的狀況發生。也就是說，咖啡因其實沒有「帶給你能量」，只是阻擋了其他會讓你想睡的分子。

就像夜店的保鑣一樣，不過這是大腦的專用保鑣。

長期下來，人可能會咖啡因中毒——經常一天攝取1～1.5公克的咖啡因，讓腺苷受器過勞之後的狀態。這些人通常很容易辨識出來，因為他們時常處於易怒和煩躁的狀態，而且會頻繁頭痛。如果一天攝取超過10公克（或10,000毫克）的咖啡因，就真的會出現咖啡因攝取過量的問題。不過你可能必須要付出極大的心力才有辦法在二十四小時內讓這麼多咖啡因進入體內，畢竟這等同於要喝下五十杯咖啡或兩百多罐健怡可樂。

相較於汽水，咖啡和茶是更有效率的咖啡因來源。喝下一杯咖啡，很有可能會攝取到大約100毫克的咖啡因，不過如果是特定的咖啡豆加上特定的技術，咖啡因含量有可能高達175毫克。不知道你有沒有想過，烘製咖啡豆（和泡咖啡本身）的整個過程其實還蠻迷人的。舉例來說，義式濃縮咖啡機和過濾式咖啡壺（percolator）可以從淺焙的豆子萃取

出最多咖啡因，不過如果要從深焙豆萃取出最多三甲黃嘌呤，最好的方式是手沖咖啡。話雖如此，一般而言不論是淺焙或深焙咖啡，每杯咖啡都含有同樣相對數量的咖啡因分子（義式濃縮咖啡除外）。

　　讓我們來仔細分析烘豆的過程，再判斷為什麼會這樣。豆子剛開始加熱的時候，會在所謂的吸熱過程中吸收能量。不過當溫度來到大約 175°C（347°F），會突然變成放熱過程，也就是豆子吸收了太多熱能，以至於這時候會把熱能傳回烘豆機的空氣中。在這個階段，必須要調整機器的設定，才能避免過度烘焙咖啡豆（有時候這會導致咖啡帶有燒焦味）。有些烘豆師甚至會讓豆子反覆經歷幾次吸熱和放熱反應，來達到不同的風味。

　　一段時間之後，正在烘焙的咖啡豆會漸漸從綠色變為黃色，再變成深淺不一的棕色。我們會用「烘焙度」來指稱豆子的顏色，也就是烘焙度較深的咖啡豆顏色會比烘焙度較淺的豆子深（真是驚喜）。咖啡豆的色澤取決於烘焙的溫度，比較淺焙的豆子是加熱到大約 200°C（392°F），偏深焙的豆子則是加熱到約 225 ～ 245°C（437 ～ 473°F）。

　　不過就在豆子開始有點烘焙度（抱歉，沒有更貼切的說法了）之前，咖啡豆會經歷「一爆」，這個會發出聲音的階段是出現在 196°C（385°F）。在這個過程中，豆子會吸收熱

能，並且膨脹到兩倍大，但由於在高溫之下水分子會從豆子蒸發，豆子的質量實際上會減少約 15%。

經過一爆之後，咖啡豆因為太過乾燥而不再輕易吸收熱能。這時，所有的熱能都會用於將咖啡豆外的糖分焦糖化。換句話說，熱能會用在破壞蔗糖（糖）裡的鍵，讓糖變成更小（也更香）的分子。最淺的烘焙度——例如肉桂烘焙和新英格蘭式烘焙——都是加熱到剛過一爆，就會將咖啡豆從烘豆機中取出。

烘豆過程中還有二爆，不過會出現在更高的溫度。到達 224°C（435°F）時，咖啡豆的結構不再完整，而且會開始塌陷。在這個階段，你通常可以聽到第二次的「爆破」。偏深的烘焙度通常是指任何加熱到超過二爆的豆子——例如法式和義大利式烘焙。一般而言，由於歷經的溫度較高，比較深焙的豆子中會有更多經過焦糖化的糖，比較淺焙的豆子則比較少焦糖化的部分。烘焙方法可以為咖啡風味帶來的變化簡直是超乎想像，但並不會真的影響咖啡在人體內的反應——改變的只有味道而已。

買到烘焙度恰到好處的咖啡豆之後，你就能在家親手執行接下來的化學反應了。你可以用平價的磨豆機把咖啡豆研磨成幾種不同的粗細度，這絕對會影響你早上喝的那杯咖啡是什麼味道。細小的咖啡粉有大量表面積，這表示很容易就

能從超迷你的咖啡豆裡萃取出咖啡因（和其他風味）。話雖如此，這通常會導致過度萃取咖啡因，讓咖啡帶有苦味。

相對地，咖啡豆也可以研磨成比較粗的顆粒。在這種情況下，咖啡豆內部暴露的程度就比不上顆粒細小的咖啡粉，因此這種咖啡喝起來通常會偏酸——有時候甚至會有點鹹。不過，如果你用粗細恰到好處的咖啡粉搭配適合的沖泡方法，就能為自己端出世界上最可口的咖啡。

最單純（也最容易）的泡咖啡方法就是把極高溫的熱水倒入粗粒的咖啡粉，浸泡在水裡幾分鐘之後，就可以從容器取出液體。這個過程叫做煎煮，是利用熱水溶解咖啡豆中的分子。大多數近代的咖啡沖泡方法都可以算是不同版本的煎煮法，我們也是因此才能喝到溫熱的咖啡，而不必用力咀嚼烘焙過的豆子。然而，由於煎煮法沒有過濾的步驟，這種版本的咖啡——暱稱是牛仔咖啡——通常會含有咖啡豆漂浮物。基於這個原因，整體來說煎煮並不是很理想的沖泡方法。

對了，你有注意到我一直避免使用「煮」（boiling）這個字眼嗎？如果你打算要泡一杯還不錯的咖啡，就絕對要避免使用滾燙的熱水。事實上，理想的水溫大約是96°C（205°F），剛好低於沸點（100°C, 212°F）。在96°C，產生咖啡香氣的分子會開始溶解。不幸的是，一旦水溫高個4

度，讓咖啡帶有苦味的分子也會開始溶解，這就是為什麼咖啡迷和咖啡師這麼執著於水溫。在我家，我們甚至用可以指定任何水溫的電煮壺。

　　視你喜歡喝的咖啡濃度而定，你可能會偏好使用法式濾壓或其他浸泡式的方法。和牛仔咖啡一樣的是，這種方法也會將咖啡粉浸泡在熱水中，但使用的粉比較細（大概是「粗」與「特粗」之間的差別）。經過幾分鐘之後，要用活塞把所有的咖啡粉往下壓到壺的底部，這時候留在咖啡粉上方的液體就會是完全清澈而且美味可口的咖啡。由於這種沖泡法使用的是粗粒咖啡粉，會有比較多分子溶解在咖啡溶液中，呈現出比較濃郁的口味（相較於牛仔咖啡）。

　　還有另一種沖泡方式：從咖啡粉上方注入熱水之後，水會先吸收芳香族分子，再滴入咖啡杯。這個過程叫做滴濾式沖泡，可以用手操作或是利用高科技機器，像是過濾式咖啡壺。不過有時這種沖泡方法會使用冷水，所以產生香氣的芳香族分子（讓咖啡帶有獨特氣味的分子）就無法溶解於水，最終的成品叫做荷蘭式冰滴咖啡，這種飲品反而是在日本最受歡迎，而且沖泡時間長達兩小時。

　　壓力是最普遍的咖啡沖泡方法之一，發源於義大利，後來才成為幾乎每一間咖啡店的招牌。使用這種咖啡沖泡技術時，會利用壓力促使幾乎滾燙的水穿過細小的咖啡粉。

其採用的咖啡粉有非常大量的表面積（相較於法式濾壓或牛仔咖啡沖泡時使用的咖啡粉），所以水可以溶解出明顯更多的分子。也因為如此，最後泡出的濃稠液體含有很多咖啡因。事實上，義式濃縮咖啡溶液含有的三甲黃嘌呤分子多到（120～170 毫克）必須以比較小的杯子盛裝，來防止毫無戒心的顧客喝下過量咖啡因。

我先生和其他 44% 的美國人一樣早上必喝咖啡，所以他會輪流使用手沖（滴濾式沖泡）和愛樂壓（壓力）來泡咖啡。我個人並沒有特別喜歡咖啡的味道，因此我很好奇其他美國人吃早餐時都配什麼飲料。結果，第二普遍的早餐飲料是水（16%），第三名則是佔 14% 的果汁。

最健康的兩種果汁是蔓越莓和蕃茄汁，不過大多數美國人都選擇經典的柳橙汁搭配早餐。大部分的果汁在最天然的型態下，都富含抗氧化物和維生素，而且含糖量偏低。然而在加工製造的過程中，果汁的成分可能大幅改變，

讓我們來看看柳橙汁這個例子：如果你是自製柳橙汁，那麼液體中可能含有檸檬酸、維生素 C 和一些天然糖類的混合物。這些分子全都可溶於柳橙汁（大部分是水），因此當你在玻璃杯上方擠新鮮柳橙，這些分子會直接流出來。

然而，如果製造商為你代勞榨汁的步驟，他們也許會添加各種物質，從防腐劑（以避免細菌滋生）到維生素和礦物

質（例如維生素 D 和鈣）都有可能。天然的柳橙汁富含維生素 C，但製造商會添加維生素 D，目的是促進健康的骨骼生長。

此外，製造商通常會執行巴氏殺菌（pasteurization）這個步驟，這可以說是比添加任何維生素或礦物質都還要重要的環節。在這個過程中，製造商會利用高溫來分解柳橙汁中自然產生但危險的酶。這類分子（像是果膠酯酶）無法在高溫下存活，所以果汁會以 92℃（198°F）加熱 40 秒，再安全地包裝起來並運送到商店。

巴氏殺菌是相當常見的步驟，在製造大多數果汁時都會用到。話雖如此，採用的溫度和時間長度會因為水果（或蔬菜）的種類而有很大的差異。以我最喜歡的蘋果汁來說，製造商可以用 71℃（160°F）加熱果汁 6 秒，或是用 82℃（180°F）加熱 0.3 秒。由於蘋果原本就酸性偏高，只需要使用這種巴氏瞬間殺菌法就能避免大腸桿菌或小隱孢子蟲滋生。接下來就和柳橙汁一樣，蘋果汁經過快速包裝後運送到商店。

但如果你吃早餐的時候不喝咖啡、水或果汁呢？還有哪些常見的早餐飲料？根據一項近期的研究，有 11% 的美國人會在早上喝汽水（例如我），最後 15% 的人喝的是牛奶和茶。

我想你應該已經知道，牛奶大部分是水，並含有一些脂肪、蛋白質和礦物質。由於其中的脂肪是固體，而牛奶和水是液體，這種結合兩種相的獨特飲品會以乳狀液或膠體販售。乳狀液指的是一種液體混入另一種液體，膠體則是指固體分散在液體中。不論是哪一種狀況，脂肪和蛋白質都是懸浮在水分中，呈現在我們眼前的就是厚重、密實的液體特性。

均質（homogenized）牛奶就是乳狀液的典型例子，因為粉碎的脂肪可以輕易懸浮在水分中，小小的油滴以液體的型態分散在牛奶裡。

相對地，全脂牛奶會被視為膠體，是因為有很高比例的固體脂肪分散在水分中。這種脂肪滴明顯比較大，因此全脂牛奶無法像均質牛奶一樣乳化。話雖如此，即使這些脂肪滴就微觀角度來說比較大，要用肉眼看到還是極度困難。

如果你很難想像以上描述的各種狀態，可以去廚房找找看油醋沙拉醬。從冰箱拿出這種醬料的時候，你會看到油層浮在水層上。現在搖一搖，這時候你應該可以觀察到在宏觀層次完美呈現的膠體。油層和水層混合在一起形成乳狀液（液體中有液體），同時所有的種子等等配料都均勻分散在液體中，形成了膠體（液體中有固體）。

不論你喝的牛奶是乳狀液或膠體，如果你早上有時間，

可以快速做一份充滿化學的早餐。為了讓討論單純一點，讓我們來看看用三種食材做成的歐姆蛋：雞蛋、肉和蔬菜。

剛開始加熱平底鍋的時候，務必要讓平底鍋每一吋的表面都加熱到相同的溫度。這麼做有助於煎出熟度平均的歐姆蛋，因為構成平底鍋的原子會從爐火吸收大量的熱能。

如果我們使用的是瓦斯爐，熱能是從鍋子正下方的燃燒反應釋放出來。至於電子或電磁感應爐，熱能則是透過精密設計的電力和磁鐵產生。在大多數情況下，銅線會安裝在爐面之下，而且會有電流通過銅線。如果你把鐵製平底鍋放在這種爐子上，銅線會在鍋子裡引發電流。理論上，任何用鐵磁性材料製成的平底鍋都適用這種爐子；否則你就算把電力開到最大也無法加熱平底鍋。不過，在使用適當廚具的情況下，鐵平底鍋裡的電流會觸發所謂的電阻加熱，之所以會出現這種現象，是因為金屬中的電子試圖從一大群鐵原子中找到出路。

在想像電阻加熱的時候，可以想成有一位足球員試圖要從一側的球門區跑到另一側。但對他來說很不幸的是，足球場上擠滿了數百名對手，而他必須用盡一切方法來突破所有的防線。等到這位辛苦的足球員抵達球場另一側時，他會因為激烈運動而散發熱能。使用電磁爐加熱時，電子的狀況也是這樣。電子實在太努力要在平底鍋的鐵原子之間移動，最

後以熱能的形式釋放能量。

　　由於加熱需要幾分鐘的時間，我想在鍋子均勻受熱之前把雞蛋準備好。也就是說我要把兩到三顆雞蛋打在一起，攪拌直到蛋液形成均勻混合物。進行這項工作的時候，我偏好使用打蛋器，因為和其他工具比起來，打蛋器對蛋膜內的分子比較溫和。這也許看似違反直覺，不過打蛋器確實對蛋膜來說很「溫和」，這就是為什麼我不用叉子或湯匙替代。打蛋器會細膩地打破形成蛋白和蛋黃的兩個袋狀物，讓蛋膜內所有的蛋白質分子混合在一起。打蛋器的曲線有助於形成IMF（分子內作用力），因此蛋白和蛋黃混合時不會傷及蛋白質。

　　從化學的角度來說，蛋白質是多肽——由兩個以上胺基酸（Amino acids）組成的大型分子。目前已知的胺基酸超過五百種，其中有二十種存在於我們的基因密碼。不過，這之中只有九種被視為必需，所謂的必需胺基酸無法由人體自行合成，所以我們必須從飲食中攝取。

　　胺基酸通常存在於各式各樣的食物中，不過肉類的含量特別高。在分子層次，任何胺基酸分子都有四個特定官能基連結到一個中心的碳原子。在化學中，我們用「官能基」來指稱一小群會影響分子反應性的原子。換句話說，當科學家提到官能基，我們想強調的是分子中特定的一小部分，同

時這也表示，分子的其他部分（在當前的例子中）沒那麼重要。

　　現在讓我們把焦點放在胺基酸裡的四個官能基。第一個相當簡單：就是一個氫原子（H），另外兩個則是胺基（NH_2）和羧基（COOH）。不論你分析的是五百種胺基酸之中的哪一種，都一定會有這三個原子群。

　　第四個官能基會決定胺基酸的身分；舉例來說，如果第四個官能基只是一個額外的氫原子，我們就會知道這是甘胺酸。但如果第四個官能基是極長的鏈狀碳氫化合物和胺基，我們會把這種胺基酸叫做離胺酸。

　　各式各樣的胺基酸組合在一起之後便形成蛋白質。當某個胺基酸中的胺基（NH_2）和鄰近胺基酸的羧基（COOH）產生反應，就會透過碳─氮鍵形成雙肽。像雞蛋裡的蛋白質比較大，屬於非常大型的分子，表示以上的反應重複了很多次。

　　雞蛋的蛋白質和熱能產生作用時，會從折疊狀態變為展開狀態，就像原本以胚胎姿勢縮成一團的人可以「展開」，把身體張開到雪天使的姿勢。在這個過程中，雞蛋蛋白質的長度會變成兩倍，而且隨著更多原子接觸到熱能，液態雞蛋開始轉變成固態雞蛋。

　　蛋白大約是從 63°C（145°F）開始凝固，蛋黃則是從

70°C（158°F）左右開始經歷相變。不過，當這兩組蛋白質被打散並混在一起，分子之間形成的分子間作用力其實會讓液態雞蛋混合物更加穩定。這表示將蛋黃和蛋白打散後形成的蛋液會需要加熱到大約 73°C（163°F），才會凝固成我們可以食用的狀態。

　　溫度也會影響雞蛋最終上桌的口感和外觀；比較低的溫度可以煮出像煎蛋的白色雞蛋，較高的溫度則會煮出比較接近炒蛋的色澤。而且值得慶幸的是，以上提到的溫度都可以消滅原本就存在於雞蛋的細菌。

　　並不是所有蛋白質都適用相同的烹調方法，所以請務必要先把生肉煮熟再加入歐姆蛋。一般的動物性蛋白質是由大約 75% 的水和 25% 的蛋白質組成，不過其中還是有不少差異。每一種動物的肌肉所含的蛋白質組成都不一樣，所以蛋白質濃度會因為物種不同而有差異，特定種類的牛肉含有將近 30 或 40% 的蛋白質，而有些魚肉的蛋白質則是低於20%。不論是哪一種肉類，都有一個共同點：任何肉類都含有酶，是蛋白質的一個子類別。

　　酶是天然的催化劑，也就是可以影響反應途徑的分子。催化劑通常會加快反應物作用的速率，因為催化劑等於是讓反應開上高速公路而不是鄉間小路。這種特殊種類的蛋白質在動物還活著的時候是肌肉功能的重要一環，不過現在，

這些酶會在尚未烹煮的肉和蔬菜中反應，最後導致食物腐壞。幸好，如果把食物存放在低溫環境，就可以停止酶的活動，這就是為什麼我們要把食物放在冰箱裡。

不過，食物一旦離開冰冷的環境，蛋白質就會開始反應，也就是說食物會開始腐敗。基於這個原因，除非你已經要開始烹調，否則不要把生肉拿出冰箱。接著，把肉放入熱好的平底鍋來快速加熱，這時最好避免使用不高不低的溫度，會很危險。

為什麼？因為酶對熱能產生反應的方式。就像剛才提到的雞蛋一樣，來自平底鍋的熱能會促使蛋白質抖動然後展開。一旦酶的表面積增加，就會對食物造成更多破壞，直到我們讓酶失去活性。

最好的做法就是快速加熱肉類，來確保徹底摧毀其中的酶。每一種動物性蛋白質都含有獨特的酶，這就是為什麼每一種肉都有不同的最低烹調溫度。舉例來說，大部分的牛肉在內部溫度達到 63°C（145°F）並靜置至少 3 分鐘之後，就可以安心食用。如果有滿足這兩個條件，美國農業部（USDA）可以保證牛肉裡的酶（以及任何細菌）已經完全消除，而且更重要的是，這份牛肉可供人類安全攝取。

另一方面，雞肉的內部溫度必須至少達到 74°C（165°F），其中所有的酶才會失去活性。親愛的朋友，生

雞肉可不是開玩笑的。沙門氏菌和曲狀桿菌都存在於生雞肉裡，但只要做好預防措施，就可以不必擔心這些細菌。舉例來說，沙門氏菌無法存活的條件是以 55°C（131°F）加熱 90 分鐘，或是以 60°C（140°F）加熱 12 分鐘。因此，大原則就是確保雞肉的內部溫度達到 74°C（165°F），沙門氏菌不可能在這種熱度下存活。

　　由於我先生基本上是在餐廳裡長大的，他對於我們家該把生肉（尤其是雞肉）擺放在哪裡有超級嚴格的要求。我們有生肉專用的砧板以及蔬菜專用的砧板；生肉必須放在流理台上爐口的右側，生菜則是一律放在爐口左側。我必須承認一開始感覺有點怪，不過現在我覺得很安心，因為家裡絕對不會有放在右邊的蔬菜和放在左邊的生肉。

　　和生肉不同的是，蔬菜可以不用先煮過就加在歐姆蛋裡，只要看你早上的心情切成適當的大小，再丟進鍋子裡就行了。我個人的最愛是菠菜、甜椒、墨西哥辣椒和洋蔥，我也喜歡加一點蘑菇，不過嚴格來說蘑菇是蕈類而不是蔬菜。

　　牛肉可以提供生命不可或缺的大量胺基酸，蔬菜則是人類攝取豐富微量營養物質——維生素和礦物質——的重要來源，這些物質也是人類維生的關鍵。

　　首先讓我們談談維生素。維生素屬於大型分子，可分為脂溶性或水溶性。這個分類法實在非常重要，所以在初期所

有的維生素都歸在這兩大類。最早被發現的維生素如果是脂溶性，就會標示為 A，如果是水溶性則標示為 B。雖然兩種維生素都含有碳、氫和氧原子，但這些原子在分子中的位置會影響維生素是否能溶解於水或脂肪。主要含有碳和氫原子的維生素是非極性，因此會溶於其他非極性分子（脂肪）；含有一些氧原子的維生素則通常是極性，這就是為什麼這類維生素可以溶於極性分子（水）。

以前被稱作 A 群的維生素 —— 維生素 A、D、E 和 K —— 全都是脂溶性，常見來源分別是菠菜、蘑菇、綠花椰菜和羽衣甘藍。曾經有所謂的維生素 F ～ I，不過後來我們釐清有些並不是真正的維生素，只是一般的分子而已。又過了一段時間之後，我們發現有幾種維生素其實是維生素 B 的一員 —— 例如維生素 G（後來稱作維生素 B_2 或核黃素）和維生素 H（重新命名為維生素 B_7 或生物素）。儘管當初這些維生素被分錯類，但關於這兩種分子都是維持人體基本功能所需的物質，那時的科學家判斷得沒錯。

我們吃下菠菜和綠花椰菜（或任何其他蔬菜）之後，部分維生素會溶於我們體內的脂肪，等待被特定的生理機能所用。和脂溶性維生素不同的是，水溶性維生素會透過尿液離開人體，這就是為什麼生病時我們可以大量攝取維生素 C。

基於相同的原因，維生素 C 是需要頻繁攝取的水溶

性維生素，對於無法取得新鮮食物的人來說是很嚴重的問題，尤其是因為工作而必須長期待在潛水艇或船上的人。早在 1800 年代初期，英國皇家海軍（Royal Navy）就已經知道可以在水手的蘭姆酒裡加入檸檬或萊姆汁，來預防壞血病。起初他們並不知道背後的原理——只是觀察出這之間的因果關係——不過英國人最終發現萊姆可以提供足夠維生素 C（抗壞血酸），有助於避免水手染上可怕的壞血病。諷刺的是，這也是為什麼美國俗語會用「萊姆」（limey）來罵人「英國佬」。

至於像我們這些不必住在船上的人，可沒有理由得到維生素 C 缺乏症——或是任何維生素缺乏症。在飲食裡加入蔬果並不困難，而且你甚至不需要準備很多種類，就能攝取到所需的各種維生素。

不過，吃蔬菜可不只是為了獲得維生素，蔬菜也可以為我們補充每日所需的礦物質。礦物質比維生素小非常、非常多，因為礦物質只是帶電荷的原子（離子）而已，但可溶於水。人體需要很多種不同的礦物質，所以我們將礦物質分成三大類：巨量礦物質（macrominerals）、次要礦物質（microminerals）和微量礦物質（trace minerals）。

巨量礦物質是人類生存下去不可或缺的物質，每天你都必須攝取 1 ～ 2 公克的下列所有離子：鈣、氯、鎂、磷、

鉀、鈉和硫。大多數人只要多方攝取各種蔬菜和吃得營養均衡，就可以自然而然補足這些礦物質。舉例來說，綠花椰菜含有大量的鈣，萵苣和蕃茄含有氯，酪梨則含有鎂。

我們進食的時候，會透過消化過程從蔬菜萃取出礦物質，並且散布到人體各部位來維持基本生理機能。舉例來說，鈣離子會用於骨骼和牙齒的生長，甚至是肌肉的收縮。而鈣最重要的功能之一，就是協助神經傳遞訊號給大腦。換句話說，如果你不攝取含有鈣的食物，身體就無法和你的四肢維持良好的通訊。

身體也需要次要礦物質，不過必要的量明顯比較少（所以才會在前面加上「次要」兩個字）。次要礦物質有非常多種類，但我們真正需要的三種常見離子是銅、鐵和鋅。我們需要鐵（可從動物性蛋白質攝取）來形成可以在血液中與氧結合的血紅素；需要銅（存在於蘑菇或綠色葉菜類以及大多數的堅果）來製造更多紅血球；也需要鋅（存在於雞蛋、蛋白質或豆類）來製造 DNA 的遺傳物質。

我們需要的次要礦物質攝取量是以自己的身體尺寸為標準；舉例來說，美國農業部建議兒童一天攝取 5 毫克的鋅，但嬰兒只需要 3 毫克。成人也是相同的道理，比較瘦小的成年女性一天只需要攝取 8 毫克的鋅，但比較高大的成年男性就需要攝取 11 毫克。

最後一種對人類健康很重要的礦物質叫做微量礦物質，我們只需要攝取幾微克就足夠。因為實在有太多種微量礦物質，所以我只會特別介紹功能最酷的幾種，例如硼。硼（可從葡萄乾攝取）有助於管理雌激素和睪酮濃度，也有助於維持骨骼健康。鈷（可從牛奶攝取）能促進人體吸收維生素B_{12}和製造紅血球。鉻（可從綠花椰菜攝取）能分解脂肪和糖，還有錳（可從生蠔攝取）是酶催化化學反應時的必要元素。

我想介紹你認識的最後一種微量礦物質是碘，如果你的飲食中缺乏這種微量礦物質，可能會得到甲狀腺機能低下症。早在 1990 年的兒童高峰會（World Summit for Children），就有一群倡議人士和科學家聚在一起討論，要如何把特定社群的碘缺乏症案例數降到最低。當時，碘缺乏症被列為兒童可預防障礙的第一大成因，於是他們想出了絕妙的計畫，來防範這些對兒童發展和智力的負面影響。他們決定用碘離子（NaI，碘化鈉）取代傳統食鹽中的一部分氯離子（NaCl，氯化鈉）。

這個妙招效果絕佳，單是在美國，就有好幾項長期研究可以證明用碘化鈉取代氯化鈉大幅影響了特定社群的整體智商。不只如此，其中成人的平均收入也提高 11%。甲狀腺裡某種分子的濃度竟然會直接影響你的智力，最後還對你的職

涯發展和薪水有幫助，是不是超級驚人？而且面對嚴重影響全球的健康問題，最終的解決之道竟然是鹽，是不是有夠瘋狂？

除了治療甲狀腺機能低下，碘也可以用於治療相反的病況：甲狀腺機能亢進。當人的腦垂體太會分泌一種叫做甲狀腺刺激素（TSH）的激素，就會出現這種病症。腦垂體分泌TSH，是為了調節另外兩種甲狀腺分泌的激素，這兩種激素的功能是啟動人體中幾乎所有細胞的新陳代謝。這個機制開始時，TSH會離開腦垂體並隨著血液流動，直到抵達甲狀腺。對於分子來說這算是短距離移動，因為甲狀腺位在脖子基部附近，腦垂體則是位在鼻子附近。

抵達甲狀腺之後，TSH會促進甲狀腺素的分泌，隨後分泌的還有三碘甲狀腺原氨酸。這兩種分子都是激素，所以會引起人體其他部位的重要反應（也就是新陳代謝）。而這兩種激素是很迷人的複分子，都含有叫做酪胺酸的胺基酸和大量碘原子，當然也都攸關人的存亡。

在甲狀腺機能亢進的影響下，甲狀腺素和三碘甲狀腺原氨酸的濃度會上升，可能導致無數種症狀，包括失眠、顫抖、焦慮、腹瀉和眼球凸出，基本上就是造成全身系統大亂。如果人體內有太多甲狀腺素和三碘甲狀腺原氨酸，可能會引發甲狀腺風暴（thyroid storm），也就是甲狀腺機能亢進

惡化到對生命造成威脅。發生這種狀況時，病人會異常高燒（超過 40°C／104°F）、心跳加速且血壓飆高，接著可能導致心臟病發和／或肝衰竭，不論哪一種都會致命。雖然甲狀腺風暴很罕見，但如果沒有妥善治療甲狀腺機能亢進，就可能會發生。

　　幸好現在已經有解方，而且和我們的微量礦物質碘有關。最常見的治療形式是以放射性碘 -131 口服藥的形式攝取碘：由於甲狀腺細胞已經變得只傾向和有碘的分子結合，所以會主動與放射性碘形成鍵。一段時間之後，放射性碘會摧毀宿主細胞，這有助於調節甲狀腺裡的甲狀腺激素濃度。換句話說，與甲狀腺激素形成鍵的甲狀腺細胞變少了，所以能進而避免引發甲狀腺風暴。

　　我在大一化學課學到碘之後，就開始變得有點沉迷於其中。一種微量礦物質竟然能以這麼千變萬化的形式影響人體，實在是讓我欲罷不能。太多碘（源自甲狀腺激素）可能會引發甲狀腺風暴，只能利用放射性碘來治療，而太少碘卻會導致大腦退化。這真的是很難拿捏的平衡，所以說聰明選擇食物確實非常重要。

　　好的，從咖啡因到煎蛋，再到選擇正確的蔬果，我們的一天已經有很好的開始了。在下個階段，我要評估的是吃完早餐後的活動，我會深入分析人體是如何消化並將食物轉化

成能量，讓我們可以在健身房裡運動。

　　善意警告：我以前是健身教練，而且通常一談到運動就變得相當激動。說到這裡，等等。我得去拿我的有氧舞蹈麥克風，這樣才能引出我內心的有氧教母珍‧芳達（Jane Fonda）。

6
感受那股熾熱
健身

———

我對腎上腺素上癮。

我喜歡吵鬧、快速而且有點危險的活動。不過因為我沒辦法趕在早上八點的化學課開始前去跳傘，我通常會用一大早健身來嗨一下。

其實這應該要怪我爺爺，他習慣每天早上去慢跑，「當時晨跑還沒流行起來」（根據他本人的說法）。而且從我有記憶以來，我爸每天早上都會健身——就連放假也不例外。事實上，在我爸媽的地下室，從車庫拍賣買來的健身器材多到你會以為我家有在經營某種地下運動俱樂部。

而現在，雖然這麼久以來我已經盡可能抵抗這股衝動，我還是開始每兩天晨間健身一次。我爸深信等到我再老一點，一定會變成每天健身，而且他的預測蠻有可能成真，畢竟我真的很喜歡運動。

我在唸研究所的時候，開始找起可以在實驗室之外進行

的有趣活動，結果不知怎麼了我竟然決定成為健身教練。那幾年間，我教過登階有氧，也帶過晨間訓練營，不過我最喜歡教的課程還是 Turbo Kick（也就是搏擊健身舞）。

擔任健身教練的合約到期之後，我受雇成為 Nike Training Club 的教練，當時這對我來說是非常珍貴的機會，因為我已經窮到要吃土了，而且 Nike 每個秋季和春季學期都會送教練一個裝滿健身服裝的旅行袋，代價是我們必須穿著其中的服裝（我完全無異議），並且參加幾場說明會。我的健身夥伴對參加研討會沒什麼興趣，但我非常期待可以得知 Nike 健身服裝背後的科學原理。

我們聽到的有些資訊相對簡單易懂，例如比起交叉訓練鞋，慢跑鞋的鞋底會設計成比較舒適。人在跑步的時候會向上遠離地面，這就是為什麼穿慢跑鞋時不適合橫向移動。慢跑鞋經過精密設計，目的是要將施加在跑者腳踝的力量降到最低，而交叉訓練鞋則可以提供橫向的穩定性，因為運動員比較不會遠離地面太多。

他們開始分析獨家的 Dri-FIT 材質時，我忍不住豎起耳朵來。排汗布料通常稱為 Dri-FIT，用於製成經過特殊設計的衣物，可協助運動員在運動過程中調節體溫。有些布料則完全沒有這項特性，例如棉質，這也就是為什麼你可能有聽過「棉失溫」（cotton kill）的說法。但為什麼會這樣呢？

　　一般而言，人體會透過排汗降溫。水分子會被擠出我們的毛孔，然後在皮膚表面形成水滴。這時候，會進入整個過程最重要的環節：水分子蒸發。當水從液態轉化成氣態，會從最接近的能量來源（你的身體）吸取熱能，進而讓你的全身體溫下降。掌握這項原理之後，Nike 決定採用可以把水滴吸離運動員身體的混紡聚酯纖維。一旦布料中特殊的穿線吸收了水分子，這些分子就可以滑過整片布料，過程中有更多水分子能接觸到人體的熱能，汽化的速度也就更快。總之，布料吸收越多水分子，人體就能排出越多熱能，全身體溫也會下降得更快。

　　相對地，棉質布料的效果則是完全相反。布料的線交織得太過緊密，以至於水分子無法輕易蒸發到空氣中，基本上可以說是困在皮膚和布料之間，迫使水分子必須更長時間維持液態。

　　現在，由於我已經無法拿到 Nike 贈送的健身服裝，我通常會訂購聚酯纖維、尼龍和／或彈性纖維（spandex）混紡製成的衣物。這三種布料都很透氣，而且穿線之間有足夠的空隙可讓水分子從動員身上蒸發。

　　一般來說，我會根據心情選擇晨間健身的服裝：心情暴躁的時候，我會穿上 INKnBURN 的機器人長褲；心情愉快的時候，我就可能會穿上 Amazon 的火辣粉紅色長褲。總

之，換上排汗材質的服裝之後，我會拿起環保水瓶進廚房。

不論成分是什麼，任何食物都有卡路里，不過我指的可不是你在營養標示上看到的那個單位。大卡（Calorie，「C」是大寫）是**營養學**能量單位，而卡路里（calorie，「c」是小寫）是**科學**能量單位。1 大卡等於 1000 卡路里，所以 1 大卡（Cal）=1000 卡（cal）=1 千卡（kcal）。我們之所以在營養標示上使用營養學的大卡單位，是因為比起 140,000 卡路里，表達八個花生奶油椒鹽卷餅有 140 大卡簡單多了。

不過這個數字真正的意義是什麼？其實有好幾種思考角度，不過對我來說，140 大卡代表我們的身體可以把八個椒鹽卷餅轉化成 140,000 卡路里的能量。換句話說，我們會因此得到足以進行伸展約一個小時的能量，或者也可以換成在跑步機上用最慢的速度走路。

八個椒鹽卷餅轉化成的能量，足夠我們緩慢活動身體一個小時，而十六個椒鹽卷餅則會讓我們有足夠的能量可以非常和緩地騎自行車。蠻驚人的，對吧？尤其我們根本是在無意識的狀態下做到這些事。

把食物轉換成能量是個漫長又艱鉅的過程，叫做氧化磷酸化，需要有氧才能進行，而且可簡化為三個步驟。

第一個步驟顯而易見──你的胃必須要消化食物。胃

和大腸裡的酶會攻擊食物中的分子，並分解成小很多的單體。如果食物分子相當巨大，這個過程會非常耗時。

所有的大分子都分割成小非常多的分子之後，糖解作用就會開始，也就是整個過程的第二步驟。糖解作用進行時，葡萄糖會分解成一半，形成丙酮酸這種比較小的分子。接著丙酮酸會轉換成二氧化碳（透過吐氣排出）和其他兩種含有乙醯官能基（H_3CCO）的分子。這兩種新分子都會與輔酶 A 結合，並產生乙醯輔酶 A，然後再轉移到另一種叫做草醯乙酸的分子。

這時候，乙醯基分子會進入檸檬酸循環，接著轉化為二氧化碳（同樣透過吐氣排出）。以上過程產生的是 NADH 分子，功能是啟動產生 ATP 的流程。

親愛的朋友，整個消化過程的重點就在這裡：產出 ATP。

ATP——腺苷三磷酸——是人體中最重要的分子之一，因為 ATP 負責提供能量給細胞。這種能量可以協助神經傳送訊號到大腦，還有助於肌肉收縮。ATP 甚至被形容為「分子的貨幣單位」，重要性可見一斑。不過你可能有發現，ATP 不能留在胃或大腸裡，那麼 ATP 跑去哪裡了呢？

這些能量是以一小包一小包能量的形式儲存在人體內所有細胞中，透過這種方式，不論我們在何時何地需要，身體

都可以立即釋放能量。舉例來說，如果你需要跑步追上公車，或者出於直覺伸手接住從桌上被撞落的東西，你的身體會迅速釋放能量，讓你能夠俐落應付日常活動——而且不會在事後立刻進入休眠狀態。

我們一天之中可以做出的瞬間動作次數，和我們儲存在體內 ATP 量成正比。在任何時候，在人體裡的任何一個細胞中，應該都存有大約十億個 ATP 分子。在你體內的任何一個細胞，都有十億個分子。

接著過了兩分鐘。

在這麼短的時間內，剛才所有的 ATP 分子都已經全數耗盡又再生。

請暫停一下想想看。此時此刻，有十億個能量分子在你體內的每個細胞裡跑來跑去。但不到兩分鐘，這些分子就會全部轉化成其他分子（例如 ADP 和 AMP），然後又變回 ATP。接著又再變成 ADP 或 MP，然後變回 ATP。這個過程會持續下去，直到細胞死亡，而細胞死亡的原因有百百種。

所以，如果把這個過程套用到椒鹽卷餅的例子，我們可以說八個椒鹽卷餅會產生 140,000 卡路里（140 大卡）。但是這和 ATP 有什麼關係？好的，我們吃下椒鹽卷餅之後，身體會把食物分解成 19 莫耳的 ATP，燃燒後就會釋放出 140,000 卡路里的能量（1 莫耳 ATP＝7.3 千卡）。

　　不過就像先前討論過的，140,000 卡路里的能量用在讓我去散個步都還有點不夠。事實上，像我一樣三十幾歲而且有在活動的女性，理論上每天應該要攝取約 2200 大卡。你知道單是為了要讓我活下去，就要消耗掉多少這些卡路里嗎？

　　猜猜看。

　　你是猜 1300 嗎？還是 60% 以下？如果這是你的答案，那麼你猜對了。我需要 1300 大卡才能繼續活在地球上，我每天至少需要有這麼多能量，才能保持心臟跳動、肺部通氣、大腦運轉以及讓核心體溫維持在 37°C（或 98.6°F）。如果攝取低於 1300 大卡，我的身體會自動開始分配能量用途的優先順序。我會開始感到疲勞，這是身體告訴我該小睡的訊號，因為身體正在消耗備用能量來確保我的內臟器官不會停止運作。理論上，我的身體可以靠著儲備的能量撐個三週，接著就會有器官開始衰竭。

　　如果有 1300 大卡用在讓我活下去，就表示還有另外 900 大卡可以用在晨間健身！舉例來說，游泳（或費力打理庭園）一小時的話我需要 500 大卡，跳一小時的 Zumba 則大概需要 330 大卡。

　　一般而言，大部分有在活動的人每天都會把剩下 40% 的已攝取卡路里消耗完畢。然而，生活型態偏靜態的人在一

天結束後，卻會留下額外的卡路里。在這種情況下，這些卡路里會以脂肪的形式儲存起來，以供緊急狀況使用。仔細想想，你的身體其實是想要幫忙，把額外的能量收起來放在附近，以免你明天沒辦法吃到 2200 大卡。如果你長期都有攝取到 2200 大卡（或更多），身體就沒有理由動用儲脂肪罐裡的能量，當然，肥胖很有可能就是這麼來的。

不過當你一大早就往健身房跑，實際上到底發生了什麼事呢？剛開始，身體會先使用儲存在脂肪細胞裡的 ATP，而不是任何碳水化合物或蛋白質。這是因為 1 公克的脂肪會釋放 9 大卡的能量，而 1 公克的碳水化合物或蛋白質則只會釋放 4 大卡的能量。基本上對人體來說，脂肪就是比較理想的燃料來源。

為什麼？脂肪其實是儲存在脂肪細胞裡，這種細胞唯一的功能就是儲存脂肪。就像糖解作用會把葡萄糖分解成丙酮酸，解脂作用會把脂類（脂肪）分解成三個脂肪酸和一個甘油分子。脂類被分解之後，脂肪酸會離開脂肪細胞，並進入血液。在血液中，白蛋白會把脂肪酸帶往肌肉細胞，這時脂肪酸就可以透過微血管直接進入肌肉。

我們在運動時，這些蛋白質會出現在肌膜外，接著脂肪酸會轉化為 ATP——就像葡萄糖分子轉化為 ATP。在這兩種過程中，都需要有熱能來破壞脂肪酸和葡萄糖分子中的

共價鍵，最後才能產生 ATP，而這整個過程就叫做需氧代謝（aerobic metabolism）。

「Aerobic」這個詞的意思是「有氧」，這就是為什麼健身房的課程叫做有氧課程，因為燃燒脂肪的過程需要有氧才能進行。你有沒有注意到激烈健身一定會讓人氣喘吁吁？這是因為我們要拼命吸進氧，才能燃燒足夠的 ATP，讓我們有足夠的能量做完運動。

知道以上的原理之後，應該就不難看出越費力運動，就會吸入越多氧，而且耗氧量會直接影響到你燃燒脂肪／碳水化合物的量。舉例來說，如果耗氧量是 25~60%，氧會用於燃燒位在血液裡的脂肪——這些脂肪來自你吃下的食物。不過，如果你開始消耗 60~70% 的氧，身體會從燃燒血液裡的脂肪，切換成開始利用肌肉中的脂肪。耗氧量高於 70% 之後，你的身體會類似於陷入恐慌，然後開始把碳水化合物當作燃料來源。

我高中時在上生物課的時候，一直覺得這個環節很沒道理。為什麼人體耗氧量一超過 70%，就要從利用脂肪切換成利用碳水化合物？又不是所有的脂肪都用光了，我們的身體上顯然還有其他脂肪——像是臀部——那為什麼人體卻一副已經沒有脂肪可用的樣子？

這麼說好了，問題在於脂肪的位置。我們在進行高強度

運動時，經過肌肉的血液不像平常那麼多，因此會沒有脂肪酸可燃燒並產生能量。事實上，身體真的會指揮血液遠離脂肪組織，這表示脂肪酸還是會被釋放到微血管中，但只能卡在原地。脂肪酸再也沒辦法穿過細胞膜並進入肌肉細胞，因此在激烈訓練的過程中脂肪酸無法做為能量來源。

基本上這就像所有的脂肪酸都卡在你家後院，你可以透過窗戶看到，也知道脂肪酸就在那裡，可是除非後門打開，否則你就是沒辦法加以利用。所以，在這種狀況下，你只能衝進食品儲藏室找備用燃料來源：碳水化合物。你的身體只能盡可能利用低能量的燃料來源，直到終於可以切換回燃燒脂肪。

有效的健身最酷的地方在於，即使運動時間結束，人體還是會繼續燃燒脂肪。這種現象叫做運動後過耗氧量或EPOC，而高強度間歇訓練（HIIT）課程的賣點之一就是有很高的 EPOC。為什麼？因為像交叉訓練或 NikeTraining Club 的課程內容會使你的肌肉組織在健身過程中受損，嚴重到你的身體必須超時工作才能修復所有的受傷的肌肉細胞。為了讓肌肉恢復到健身前的水準，你的身體除了要修復所有的受損細胞之外，還需要補充肌肉中的肝醣。

現在，我想要聲明一下，在這方面我確實是帶有私心。我以前有教過健身課程，而且到現在還會每週參加間歇訓

練。相較於其他耐力訓練——例如慢跑或自行車——我比較喜歡 HIIT，因為我動過四次膝蓋前十字韌帶手術。我再也無法從事任何像慢跑的高衝擊運動，而且長時間坐在自行車上會讓我心不在焉。話雖如此，慢跑和騎自行車都有益於你的心臟和膽固醇含量，因為進行這些運動的過程中可以燃燒大量的脂肪酸。這些運動也可以促進運動後的脂肪燃燒，儘管效果還是不及 HIIT 課程。

　　不論是哪一種運動，你有沒有注意到任何健身計畫都會隨著時間越變越容易？這是因為你已經開始訓練到肌肉了。換句話說，你已經開始讓肌肉學會如何正確地運作和發揮功能。不論是生活偏靜態的人還是活動量超級大的人，釋放出來的脂肪細胞都一樣，唯一的差異在於經過訓練的肌肉可以輕易吸收脂肪酸，並且迅速把脂肪酸轉化成能量。這是因為強壯的運動員每單位的肌肉含有更多粒線體，而 ATP 就是在粒線體內部燃燒。粒線體越多，就能燃燒越多脂肪。

　　那麼現在，請回答這個價值百萬美元的終極問題：到底該如何減重？脂肪燃燒之後跑去哪裡了？如果你夠認真理解以上的內容，可能有注意到一點事實：人體每次燃燒 ATP，都會釋放出二氧化碳。這表示你在健身過程中燃燒所有的脂肪、蛋白質和碳水化合物，都會透過吐氣從體內釋放出來。

　　你有辦法相信嗎？你竟然會呼出體內的脂肪，這就是瘦

下來的方法。既不是在你上廁所的時候，也不是流汗的時候，脂肪真的是透過你在健身時（還有健身後）張口吐氣排出的分子離開你的身體。

雖然健身可以讓你有好身材和健康的心臟，但對我來說，任何運動最迷人的部分——就如我先前提到的——是隨著激烈運動而來的腎上腺素飆升。腎上腺素（Epinephrine，通常稱為 adrenaline）是一種胺基酸衍生的激素，分子式是 $C_9H_{13}NO_3$，有一個六員環和三個醇官能基分布在分子裡，因此在人體中具有獨特的物理性質。在人類體內，腎上腺素分子是由腎上腺所分泌，這種腺體位在腎臟正上方。

腎上腺素特別厲害的一點是，釋放到血液中之後，腎上腺素可以與身體組織產生作用，但是對不同的器官有不同的效果。舉例來說，腎上腺素通常會加快人的呼吸速率，並且導致血管擴張。然而不知道為什麼，腎上腺素在身體其他部位卻會導致血管收縮和肌肉收縮。

由於具備這些性質，腎上腺素可以做為急救藥物使用。例如，如果有人突然對某個東西產生嚴重的過敏反應，我們可以使用腎上腺素注射針劑——也就是 EpiPen——迅速將腎上腺素注射進這位過敏性休克患者的大腿外側。腎上腺素溶液會進入肌肉，然後快速被吸收到血液中，接著導致血管收縮（為了讓血壓升高）和肺部開展，讓這個可憐的傢伙可以

再次開始呼吸。

　　這種腎上腺素飆升的狀況也會在健身房自然發生。在激烈運動之後，人體會分泌腎上腺素，同時也會分泌一種叫做多巴胺的激素。只要達成了任何目標（像是一小時激烈運動），這種分子就會發揮獎勵人體的功能。

　　多巴胺分子看起來非常類似腎上腺素分子，但只含有兩個醇類（OH）。這些醇類是水溶性分子，所以能夠輕易在人體內移動並抵達多巴胺受器。這時候，人體會充滿亢奮感，而對某些人來說（像是我），這種感覺極度令人上癮。由於這種感覺實在太強烈，有可能會引起以獎勵為動機的行為，例如運動員在健身房更努力訓練，或是舞者投入更多時間在練舞室。單是知道會有獎勵，就足以觸發多巴胺分泌。基於這個原因，科學家並不能篤定地說，對腎上腺素上癮的人就是想要得到「腎上腺素」；事實上，他們認為有一部分的人之所以喜歡冒著很大的風險，而且不顧生理或社會安全，是因為他們的身體想要多巴胺這種獎勵。其實，我們應該用「對多巴胺上癮」來形容這種人。

　　腎上腺素分子的強效程度甚至被形容為可以讓人類獲得超能力般的力量，稱為歇斯底里潛能（hysterical strength）。在 2019 年，俄亥俄州（Ohio）有位十六歲的足球選手聽到鄰居在求救，得知鄰居的丈夫被壓在一千三百多公斤的車下

之後，他立刻展開行動並使出足以抬起汽車的力量，讓其他人將被壓住的男性移到安全的地方——全都是因為腎上腺素飆升。

出於相同的原因，有些運動員會使用含有腎上腺素的表現增強藥物，這是因為腎上腺素可以提升體力和耐力，也能強化人體力量。在特定運動領域，腎上腺素有助於縮短反應時間，因此用藥運動員會明顯比對手更佔優勢。

不過，腎上腺素鮮少單獨存在於人體中。除了腎上腺素之外，人體還會分泌另一種激素叫做皮質醇。這種分子會導致血壓和血糖上升，並且讓身體準備好將脂肪轉換為能量。肌肉基本上會因為皮質醇作用，而做好準備來進行迅速又強力的動作，例如波比跳或深蹲跳。

皮質醇是類固醇激素，具有典型的類固醇結構，也就是由四個碳環組合而成。分子的一側有酮體（C=O）連接到環，另一側則有幾個醇類（OH）。由於氧原子平均分布在整個分子，皮質醇相對而言是非極性分子，因此比較有可能和任何鄰近的分子形成分散力。

這種激素會對人體產生幾種不同的影響，皮質醇出現在人體的什麼部位，就會影響那個部位的運作狀態。舉例來說，皮質醇會導致血糖濃度上升，或是改變新陳代謝的運作方式。和腎上腺素以及其他胺基酸激素不同的是，類固醇激

素是脂溶性（而不是水溶性），因為類固醇是非極性分子。

皮質醇激素在糖質新生作用中扮演很關鍵的角色，也就是從非糖類形成葡萄糖分子的過程。就像我們先前討論過的，葡萄糖對人體來說是絕佳的能量來源。當人體「缺」糖，就可以透過糖質新生作用促成化學轉化，把脂肪或蛋白質變為葡萄糖。

正因如此，人體對壓力源產生反應時，主要會分泌的兩種激素就是腎上腺素和皮質醇。不論是一大早去上搏擊課，還是要逃離壞人，你的身體都會產生相同的生理反應。

不過你還記得我提過腎上腺素是水溶性，而皮質醇是脂溶性嗎？這是因為兩者的分子極性不同。腎上腺素是極性分子，所以可以透過血液像順著河流一樣飄到目標器官。皮質醇則是非極性分子，需要透過像漂浮裝置的載體蛋白才能移動到脂肪細胞，並在細胞內開始發揮作用。

當我在課堂上提到這些激素，那些是運動員的學生總會追問一個很符合邏輯的問題：腎上腺素和皮質醇是不是也會引發跑步高潮（runner's high）？我只能勉為其難用典型科學家的口吻回答：「對，不過……。」因為人體實在有太多變數。舉例來說，當你的身體面臨任何類型的壓力，像是越野跑或足球比賽，一定或多或少會分泌腎上腺素和皮質醇，但人體同時也會分泌腦內啡。

　　腦內啡最早是在 1960 年代被分離出來，當時生物化學家李卓皓正在研究五百隻不同駱駝經過乾燥的腦下垂體，他想要找到有代謝脂肪功能的特定分子，但似乎無法在駱駝體內找到。不過，他卻發現了一種多肽，也就是後來被稱為「β－腦內啡」的激素。但是當時這對李卓皓來說沒有用處，於是他把這種激素仔細包起來並保存在安全的地方。

　　大約十五年後，李卓皓聽說了生物化學家漢斯・科斯特利茨（Hans Kosterlitz）和神經學家約翰・休斯（John Hughe）進行的研究，他們發現一種叫做腦啡肽（enkephalin）的五肽──也就是有五個相連胺基酸的分子。得知這項研究結果後，李卓皓拿出他保存的 β－腦內啡，想知道其中是否也含有腦啡肽。結果確實有，於是他決定把這種分子當作止痛劑進行測試，並且和羥可酮或海洛因比較。當李卓皓把腦啡肽注射到大腦內，他觀察到的效果比傳統嗎啡高出十八到三十三倍，會因為注射的部位而有所不同，這讓他興奮不已。可惜的是，腦啡肽明顯比嗎啡更容易上癮，所以他放棄了把這種分子用於製藥的想法。

　　隨著時間過去，科學家開始把腦啡肽和任何內源性神經肽統稱為腦內啡。在當今的化學術語裡，如果分子具有止痛性質而且會引發快感，那麼這種物質就會稱作腦內啡。

　　一般來說，人體天生就會分泌三種不同類型的腦內

啡：α － 腦內啡（alpha）、β － 腦內啡（beta）和 γ － 腦內啡（gamma）。α － 腦內啡分子是十六個相連胺基酸組成的鏈。γ － 腦內啡分子幾乎一模一樣；只是在鏈的尾端多了一個白胺酸。

β － 腦內啡的分子明顯比較大，是由三十一個相連的胺基酸組成。和剛才提到的一樣，前十六個胺基酸與 α － 及 γ － 腦內啡相同，後十五個胺基酸則是白胺酸、苯丙胺酸、溶素和麩胺酸等等組成的混合物。不過和另外兩種腦內啡不同的是，β － 腦內啡經證實對人體有幾種不同的影響。例如，研究顯示當人處於痛苦或飢餓狀態，這種腦內啡有助於減輕壓力，另外也能活化獎勵系統和一些和性相關的行為。

在 1980 年代，科學家找到了 β － 腦內啡和後來所謂的「跑步高潮」之間的關聯，發現激烈運動時，人體會分泌 β － 腦內啡來幫忙管理疼痛。通常我們因為高強度健身而感到痛苦時，痛覺受器會利用叫做 P 物質的分子，來透過脊髓傳送訊號給大腦。不過在這同時，人體也會釋出 β － 腦內啡——就像派醫療隊去戰場一樣——來協助管理疼痛。腦內啡會和脊髓中類鴉片受器形成鍵，阻擋 P 物質與這種受器結合，這種化學反應是將疼痛感降到最低的關鍵。

當健身的強度非常高，例如在衝刺或是以最大可負荷重量重訓之後，可能會有高濃度的腦內啡與大腦中的類鴉片受

器結合。大腦處於這樣的化學狀態會讓人感到無比愉悅，我們一停止活動就會立刻感受到。當人在面對人生中特別高壓的時刻，分泌腦內啡的現象會使人有表達強烈情緒的欲望。體操選手亞莉珊卓‧芮斯曼（Aly Raisman）在 2012 年奧運完成地板動作後的影片就是最好的例子：她做完最後一個動作之後哭了出來，因為她知道自己剛成為第一位奪下地板體操金牌的美國女性。

在 2012 年，我可能會認為她之所以有這樣的反應，是因為腦中有高濃度的腦內啡與類鴉片受器結合。不過在 2015 年，一群德國科學家卻發現腦內啡無法通過血腦屏障（blood-brain barrier）。儘管腦內啡可以降低焦慮和減少疼痛感，實際上卻無法使人在費力健身後達到情緒高潮。這群科學家對這樣的結果感到好奇，於是進行了更多實驗，最後發現一種叫做大麻素的分子可以輕易從血液進入大腦，並導致情緒高漲。

那麼，什麼是大麻素？

大麻素是可以與大麻素受器結合的脂肪酸分子，而這種受器可以與大麻成分形成鍵。大麻素（anandamide）一詞的前綴「ananda」代表的意思是幸福與喜悅，真的是名副其實。由於這種分子的功能就是讓我們產生愉悅感，有時會被稱作幸福分子（bliss molecule）。有趣的是，之所以會發現

這種分子，完全是因為近代開始研究大麻，研究人員想進一步釐清大麻（四氫大麻酚，THC）是如何在人體內運作，並且全方位地瞭解大麻素受器。

結果，大麻和大麻素受器之間的作用，基本上和鴉片與類鴉片受器結合的方式一樣。不過，兩者之間有個明顯的差異：鴉片—類鴉片受器鍵極為強韌，而大麻—大麻素受器鍵相對較弱。大麻鍵在短時內就會斷開，因此大麻素受器無法對大麻產生依賴，這種偏弱的作用就是為什麼大麻不像羥考酮和海洛因那麼容易成癮。

不過這些和健身到底有什麼關係？簡單來說，偏弱的大麻素—大麻素受器鍵是跑步高潮無法持久的原因之一。這種鍵就是不夠強，所以最後一定會斷開，並削弱跑步高潮的效果。而且在跑步高潮消退之後，你可能注意到一件事：疼痛。

因為我動過四次膝蓋前十字韌帶手術，運動後的疼痛源頭多半是膝蓋。多年來，我已經把任何形式的跳躍排除在我的健身動作之外，但有時候我的膝蓋就是會痛。在這種時候，我會毫不猶豫地吞一點非處方止痛藥。

不過止痛藥究竟是什麼？這些分子又是怎麼在人體內發揮作用？

阿斯匹靈被近代媒體譽為「萬靈丹」（wonder drug），

但其實在西元前 4 世紀,希波克拉底(Hippocrates)就已經記載下這種物質。當時,古人會用滾水煮柳樹皮,來製作治療發燒的茶。接著快轉到 1763 年,英國牧師愛德華‧史東(Edward Stone)發表了一封公開信,內容是關於柳樹皮的新研究。他在信中報告,他將柳樹皮乾燥後分送給五十個不同的人,使用乾燥樹皮的人治好了常見的病痛,就連以奇怪的乳液形式使用也有效。

話雖如此,史東的患者攝取樹皮之後都抱怨了兩件事:(1)柳樹皮吃起來很噁心,以及(2)柳樹皮讓他們的肚子很不舒服。不過他的患者還是願意繼續吃樹皮,因為可以有效緩解頭痛和發炎造成的疼痛感。而且在某些情況下,樹皮甚至可以舒緩關節炎的症狀。

一百多年後,化學家費利克斯‧霍夫曼(Felix Hoffmann)開始尋找柳樹皮中的活性分子水楊酸($C_7H_6O_3$)的化學替代物。費利克斯的父親因為服用水楊酸藥物而產生嚴重的反胃問題,所以他想要找找看解決方法。在老闆亞瑟‧艾倫亨格(Arthur Eichengrün)的協助下,費利克斯開始用水楊酸進行各種實驗,最後終於發現一種有效率的方法可以製作出近似的產物:乙醯水楊酸($C_9H_8O_4$),也就是後來的阿斯匹靈。

可惜的是,亞瑟和費利克斯幾乎無法執行新藥的臨床實

驗，因為水楊酸素來有對心臟不好的名聲。費利克斯被重新指派工作之後，運用他在乙醯水楊酸方面的新知識合成出另一種流行的藥物二乙醯嗎啡——俗稱海洛因。讓人非常、非常意外的是，他居然順利說服一些人嘗試二乙醯嗎啡。

　　亞瑟身為老闆，不打算輕易放棄乙醯水楊酸。他偷偷把新的止痛藥（也就是我們現在所知道的阿斯匹靈）交給醫師，並由這些醫師私下進行臨床實驗。結果很快就出爐了，患者（和他們的醫師）都非常開心終於有東西可以治療高燒和緩解疼痛，又不會造成嚴重的腸胃不適。消息很快傳開，沒多久，拜耳（Bayer）阿斯匹林就在藥局上架了。

　　那麼，阿斯匹靈（乙醯基水楊酸）到底好在哪裡，又為什麼好像比柳樹皮（水楊酸）好？起初，當時的化學家發現，把水楊酸裡的一種醇類（OH）替換成乙醯水楊酸裡的酯類（$OCOCH_3$），可以讓阿斯匹靈的味道變好並且緩解腸胃問題。同時他們也注意到，這種藥物的效果和水楊酸一樣好，但怎麼可能呢？比較大的分子一定會因為大小問題，而比較難抵達目標位置。

　　結果科學家很快就找到答案：亞瑟和費利克斯其實根本沒有發現新藥。阿斯匹靈（乙醯水楊酸）也許有比較容易入口，但進入腸胃之後還是會分解並變回水楊酸。基本上，阿斯匹靈只是降低了柳樹皮反應在腸胃和嘴巴的副作用。

　　阿斯匹靈很適合在運動傷害發生之後服用，因為可以有效降低發炎或腫脹引發的疼痛感。在人體內，水楊酸會阻礙一種很重要的化學反應，使得酶（環氧合酶）無法再製造兩種分子（前列腺素或血栓素）。前列腺素會引起血管擴張，進而將白血球派往受傷部位。換句話說，我們慘跌一跤之後，阿斯匹靈會阻止這種酶讓我們腳踝腫起來。

　　以上的過程也是相當常見的非類固醇抗發炎藥物（NSAID）機制；例如，布洛芬是另一種常用於治療發炎、疼痛和高燒的 NSAID，是一種比阿斯匹靈新非常、非常多的藥物。布洛芬於 1960 年被發現，科學家觀察到這種分子也能抑制環氧合酶的活性。布洛芬的分子式是 $C_{13}H_{18}O_2$，在兩個碳氫鏈之間有一個六員環。你可能已經聽說過，布洛芬治療高燒的效果極佳，而且也有助於降低腎結石引發的疼痛。

　　乙醯胺酚（acetaminophen）是一種更廉價的藥物，俗稱泰諾（Tylenol），化學家通常稱之為對乙醯氨基酚（paracetamol），有舒緩一般感冒症狀的效果。這種藥物的分子式是 $C_8H_9NO_2$ 且含有一個六員環。

　　乙醯胺酚運作方式背後的科學原理還尚未完全釐清。不同於布洛芬和阿斯匹靈（以及其他 NSAID）的是，乙醯胺酚似乎不會阻礙環氧合酶，而是以完全不同的途徑產生作

用。研究人員還是認為其中有牽涉到酶，但無法百分之百確定整個過程是如何運作。可以確定的是，由於乙醯胺酚不會阻礙酶，效果並不如抗發炎藥物那麼好。不過，科學家開始認為這種分子也許能夠抑制大腦中的酶，這可能就是乙醯胺酚可以用於緩解疼痛和治療高燒的原因。

每一種分子對人體影響都不一樣，這就是為什麼某些止痛藥特別適合用於某種傷害。就我個人來說，我偏好另一種叫做 Aleve（萘普生）的 NSAID。由於我不是醫師，我不打算推薦特定的止痛藥，但我必須提醒你注意任何一種副作用，例如器官損傷。例如，我必須非常小心避免服用過量的 Aleve，因為這種藥物可能會導致腎臟衰竭。

話說回來，不論膝蓋有多痛，都無法阻止我去健身房（希望如此）。我喜歡用跑步高潮和可愛的健身服裝開啟新的一天，而且這也讓我有理由可以滿足自己的甜點胃，雖然這好像不太應該。

在大多數的早晨，好好健身可以讓我更清醒，也讓我準備好迎接一整天的挑戰。不過，在踏入公共場合之前，我需要幾分鐘（或一個小時）整理一下。在下一章，我會分析浴室各處的科學原理。從你的洗髮精到吹風機，再到你擦去上班的火辣紅色唇膏，全都有一個共同點。你猜得沒錯：就是化學！

7
你就是美
著裝打扮

———

高強度健身結束後，我通常會去浴室梳妝打扮。有很長一段時間，這是我一天中最不喜歡的部分。讀研究所的時候，我根本沒有時間打扮，只能把頭髮綁成濕漉漉的馬尾，匆匆忙忙穿上 T 恤就衝出門。現在，我有一整套早晨梳妝流程，還有各式各樣的化妝品，佔據的浴室空間已超出合理範圍。想當然，從護髮產品、化妝品到香水，全都和化學有關——而且只要配方正確，就可以達到近乎魔法的效果。

不論你相不相信，就連洗個舒服平靜的澡，其中也有很厲害的科學原理。當熱水灑落在你身上，水分子會和你頭髮及皮膚上比較靠近的水分子形成氫鍵，接著才會滑落到浴室地板。有時，水分子的附著力太強，會把你表皮層中的水分子拉出，並在皮膚上形成水滴。在這個狀態下，水分子彼此之間的吸引力會大過與你皮膚上的分子——也就是鹽——之

間的吸引力。

　　洗髮精和潤髮乳的科學更是有趣，大多數的這類產品都含有你可能根本沒聽過的分子（而且也不會寫在瓶身上）：四級銨化合物和陽離子界面活性劑。這些分子其實沒有像聽起來那麼複雜，我可以保證——而且這些分子與頭髮之間的作用是無可取代的。不過在深入分析這些特殊的化合物之前，必須先從基本知識談起。

　　頭髮中主要的蛋白質叫做 α—角蛋白，你也許有聽過角蛋白這個詞，例如和指甲生長及護膚有關，或甚至是存在於動物的角和羽毛當中。你常去的美髮店也許還有提供角蛋白美髮療程，可以讓燙捲／自然捲的頭髮暫時變直；角蛋白也可能是洗髮精或潤髮乳中的添加物。

　　不論是人類頭髮或瓶子裡的角蛋白，都是由胺基酸多肽鏈組成。其中胺基酸的順序、排列和種類會有所不同，不過整個蛋白質（α—角蛋白）一定會至少含有一個半胱胺酸分子。這種相對小型的胺基酸有時候會扮演酶的角色，並觸發生物化學反應。這是怎麼一回事？當兩條多肽鏈（或兩條角蛋白鏈）相互交纏形成纏繞線圈（coiled coil，沒錯，真的就是這個名稱！）角蛋白 A 的半胱胺酸分子中的硫原子，會與角蛋白 B 的半胱胺酸分子中的硫原子形成共價鍵。這個反應會產生一種全新的分子，叫做胱胺酸。雖然兩種分子的

名稱幾乎一樣,但胱胺酸是比較大的分子,而且是由兩個半胱胺酸分子結合而成。

你需要知道的是,這個一再重複進行的過程會形成梯狀結構(像 DNA),每一個梯級都代表半胱胺酸胺基酸之間的硫—硫鍵。這個化學反應極為重要,因為產生的胱胺酸分子(每一個梯級)就是所有化學作用發生的地方!

每次洗、吹或燙直頭髮,你都是在擺弄身上的胱胺酸分子。由於我們洗澡時通常都會從頭髮開始洗,就從洗頭的過程看起吧。洗髮精可以清除我們頭上的油膩物和油脂,是非常徹底的清潔方式,但又不會導致頭皮肌膚灼傷或刺痛。科學家篩選出的化學物質可以與頭髮中令人不快的分子形成鍵、對頭髮本身溫和,同時又能安全且輕易地沖下浴室排水管。

每個牌子的沐浴產品都有獨家的分子配方,結合在一起之後可以有效清除脂質、細菌和頭髮生成的廢物。這些分子可能是濃稠的液體(例如非常厚重的溶劑乙二醇)、檸檬酸(存在於檸檬)或鹽類(例如氯化銨)。不過根據我的猜測,說到洗髮精和潤髮乳,你應該比較常聽到對羥基苯甲酸酯(paraben)、硫酸鹽和矽,因為這些分子經常上新聞。

先讓我們從對羥基苯甲酸酯開始說起,因為很多美妝產品都會使用這種成分防止細菌增生。最常見的對羥基苯甲酸

酯是對羥基苯甲酸甲酯（**meth**ylparaben）、對羥基苯甲酸乙酯（**eth**ylparaben）、對羥基苯甲酸丙酯（**prop**ylparaben）和對羥基苯甲酸丁酯（**but**ylparaben），這些都是對羥苯甲酸的衍生物。在化學的語言中，meth＝1、eth＝2、prop＝3，還有but＝4。這些前綴代表的是每種對羥基苯甲酸酯分子中的碳原子數量。

對羥基苯甲酸甲酯是相當常見的抗黴菌防腐劑，除了會加在洗髮精之外，也會用於各種食品（「抗黴菌」是指可以破壞黴菌和細菌中的鍵，有這種防腐劑的話黴菌和細菌就無法輕易複製或生存）。如果你住在歐洲，可以用 E 開頭的編號 E218 輕易辨識出對羥基苯甲酸甲酯。對羥基苯甲酸乙酯（E214）和對羥基苯甲酸丙酯（E216）也會用於洗髮精和潤髮乳，但不像對羥基苯甲酸丁酯那麼常做為抗菌成分。

對羥基苯甲酸丁酯有四條碳原子鏈連結到對羥基苯甲酸酯分子中的主要氧原子，由於碳氫化合物鏈比較長，物理性質和其他類似的對羥基苯甲酸酯分子不太一樣。超過兩萬種美妝產品都有使用對羥基苯甲酸丁酯，不過讓大多數人感到吃驚的是，常見的藥品也含有這種成分，例如布洛芬。

可惜的是，雖然加在洗髮精和潤髮乳中的對羥基苯甲酸丁酯能有效防止細菌生長，卻對人體健康有負面影響。2014 年，一項公開發表的研究指出，在二十位女性乳癌患

者之中，有十八位患者的腫瘤裡驗出了對羥基苯甲酸酯。截至本書出版為止，還沒有其他研究針對這個主題提供更多資訊。難道這代表對羥基苯甲酸酯一定會增加罹患乳癌的風險嗎？未必。但許多女性——包括我本人——會盡可能避免使用含有這種成分的任何美妝產品，許多企業也採取相應的措施，開始製造各種不含對羥基苯甲酸酯的產品。

很多製造商生產不含對羥基苯甲酸酯的產品時，會利用真空容器來包裝產品。真空容器就如其名：從瓶中沒裝滿洗髮精或潤髮乳的空間抽出所有空氣之後再密封。你應該可以想像得到，這項技術要應用在沐浴產品上特別困難，不過這確實是很重要的步驟，因為只要沒有氧氣，就不容易有細菌或黴菌。

另一種我會盡量避開的分子是矽，並不是因為矽可能會致癌，而是因為這種分子是護髮產業所謂的「堆積物」（buildup，讓頭髮感覺厚重又油滑的膜）形成的主因。不幸的是，我花了太長的時間才發現，我在中學時頭髮油膩又扁塌，是因為洗髮精裡有矽，而且每天用同樣的產品洗頭並非解決之道。

聚矽氧烷通常簡稱為矽，是一種大型聚合物，而且可能已經存在於你的浴室或浴缸裡——在縫隙中。由於矽是非極性分子，不僅抗水，還具有顯著的熱穩定性。如果加在洗髮

精中，這種成分會在每個毛囊外形成一層膜，暫時賦予髮絲相同的性質，並保護頭髮不受環境傷害。矽也可以減少頭髮捲曲的程度；如果每一根頭髮都具有柔軟的「橡膠」質感，那麼頭髮就可以保持滑順不打結。

然而，就像我先前說過的，矽形成的膜有一大副作用：長時間下來可能會導致堆積物增生。由於矽是一種厚重的成分，會附著在頭髮上並且增加髮絲重量，而且一段時間之後，矽會和其他矽分子形成有附著性的鍵，導致部分使用者的頭髮變得像我之前形容的一樣油膩。

另一種有壞名聲的洗髮精成分是界面活性劑硫酸鹽，至少在某些人眼裡是如此。月桂硫酸鈉（也叫做 SLS 或 SDS）是效果絕佳的發泡劑（除此之外也是很好的清潔劑），因此常用於增加洗髮精的發泡程度。然而，硫酸鹽太容易與頭髮中的油脂結合，以至於高濃度的硫酸鹽會過度清潔你自然分泌的油脂，導致頭髮變得乾燥。如果你的頭髮是自然捲／燙捲，而髮型師有提醒過你一定要避開硫酸鹽，現在你就知道為什麼了。

話說回來，洗髮精未必需要這麼複雜的成分，我最愛的洗髮精幾乎完全是由水、甘油和幾種芳香族分子組成。甘油會讓洗髮精的質地顯得濃稠（也就是相對於偏稀質地的厚重液體），而芳香族分子則會讓洗髮精有香味。有些研究顯

示，芳香分子會使頭髮乾燥，但我喜歡洗髮精聞起來像花香，所以我願意冒這個險。不過說實話，洗髮精還是需要有能夠與油脂結合的成分，所以即使是最好的洗髮精也會含有幾滴硫酸鹽（或其他界面活性劑），才能把頭髮中的油清潔乾淨。如果你正在找新的洗髮精，可以參考 Davines 的任何一種產品，全都不含對羥基苯甲酸酯或硫酸鹽，而且這家公司本身也致力於推動環境永續發展和公益活動。

另外，為了緩解洗髮精造成的乾燥，我們都會在洗頭之後刻意搭配使用潤髮乳（還有深層潤髮乳）。行銷廣告讓大眾覺得潤髮乳的功能是軟化和滋潤頭髮，雖然不完全是誤解，但這些號稱的功效其實只是附加效果而已，潤髮乳真正的功能是：降低髮絲之間摩擦力，尤其是梳頭或梳開打結頭髮的時候。

不過，背後的原理是什麼呢？大多數的潤髮乳都含有帶正電的界面活性劑，稱為陽離子界面活性劑。這些在實驗室裡製作出來的界面活性劑是大型分子，含有四級銨化合物（quaternary ammonium compound，簡稱 quats）。這些分子的形狀有點類似鑽石，其中氮原子位在中心，並且與四種不同的碳氫化合物形成鍵結。如果你還記得我們在第一部討論過的四面體分子，這就是典型的例子。

由於氮在元素週期表的位置，我們知道這種元素和三個

原子結合時會是最理想的狀態。然而在特定狀況下，氮其實可以與四個不同的原子結合，例如在四級銨化合物中，並且讓整個分子帶正電（也讓分子成為陽離子），所以才會稱為陽離子四級銨。

當四級銨化合物與頭髮表面結合，會在頭髮外形成強大的疏水層。「疏水」指的是**排斥水**，而有這種特性的外層可以帶來三種驚人的效果。首先是會讓梳頭髮變得比較容易，因為髮絲之間的摩擦力降低了。這時頭髮外層包裹著滑順的四級銨化合物，因此可以滑過彼此，而不會和水形成氫鍵；第二，頭髮會顯得更柔軟和厚重，因為包裹了保護層；還有第三，由於頭髮之間有靜電作用和外層，形成「惡魔角」的機率會立刻下降。

惡魔角是我妹以前用來形容頭髮亂翹的說法，當時她完全不瞭解靜電荷──新陽離子達到平衡和緩和狀態的電荷。

四級銨化合物在適當使用下，可以徹底修復（用這種說法你應該就懂了吧？）受損的頭髮。背後的原理是：當頭髮因為環境影響或極端化學療法而糾纏在一起，髮尾通常會累積帶負電的電荷。而潤髮乳帶正電的四級銨化合物會被頭髮受損最嚴重的部分吸引，和帶負電的髮尾形成強烈的靜電吸引力。這種漂亮的離子作用最終會修復受損的髮尾，並減少這些髮尾與其他髮絲往不同方向翹的機率，讓你有一頭亮麗

滑順的頭髮。

　　其中最棒的部分是，陽離子界面活性劑數量多、容易在實驗室中生產而且相對廉價。可惜的是，有些公司會把陽離子聚合物稱為陽離子界面活性劑，這種說法不太正確，而且我們絕對不會想要把陽離子聚合物用在頭髮上！

　　為什麼？因為陽離子聚合物（等於是把陽離子四級銨化合物放大非常、非常多倍）通常具有很高的電荷密度，這表示在相對較小的空間中有大量正電荷，電荷密度大的分子會導致先前提過的堆積物（就像矽）。陽離子聚合物太容易受到頭髮吸引，而且會緊貼在毛囊上，永遠不脫落。這可能會造成所謂過度潤髮的狀況，最後你會覺得頭上老是有種厚重不透氣的感覺（也就是頭髮油膩）。所以，大部分的人都會試著盡可能避開陽離子聚合物。

　　對了，一般潤髮乳和深層潤髮乳之間唯一的差異，就是深層潤髮乳比較持久和厚重，可以在髮尾停留比較長的時間。因此分子有更多時間能完成化學反應，讓我們在使用後覺得頭髮更健康和更柔軟，效果絕佳。

　　這不是蛇油，是科學！

　　我在進行深層潤髮（或一般潤髮）的時候，很喜歡使用有香氣的沐浴膠來清潔其他身體部位。這些沐浴產品非常類似於洗髮精，不過通常含有較高濃度的界面活性劑和香

水。我最愛的沐浴產品主要是由水加上 SLS（用來形成泡泡和清潔身體）、甘油（讓液體變厚重）以及大量的芳香分子（讓我可以聞起來像陽光）。我先生最愛的沐浴產品也是類似的成分，不過由於他用的那一款明顯便宜很多，所以濃稠度或香氣都比不上我用的產品。

如果你在洗澡時有使用刮鬍膏，其中的成分也很有可能是甘油、SLS（硫酸鹽！）和水。不過，主要的差別在於刮鬍膏嚴格來說是一種泡沫（困在液體中的氣體）。按下刮鬍膏噴瓶頂端按鈕之後，實際上的狀況可能會是這樣：瓶內頂部的氣態分子會被擠壓到瓶底的水—SLS—甘油混合物中，而這個動作會把蓬鬆的泡沫往上擠到管子裡，然後再擠出瓶身——和我們用吸管在飲料裡吹出泡泡是一樣的道理。最後擠出來的泡沫就可以用來刮鬍子。

就像防曬乳可以保護皮膚不被曬傷，刮鬍膏可以保護皮膚不被刮傷。泡沫物質會在皮膚和刮鬍刀之間形成保護層，有效把任何摩擦力降到最低，也就不會引起疼痛的刮鬍灼熱感和那些難看的紅疹。各位觀眾，這背後的科學原理很單純，刮鬍膏＝光滑的腿。

洗完澡之後，我會做的第一件事（除了擦乾身體和抹上乳液）就是往頭髮噴熱防護產品（thermal protector），這可是二十一世紀最讚的發明之一。這裡的「熱」（thermal）

指的是熱能，所以這類產品通常會叫做抗熱護髮品（heat protectant）。在吹乾和做造型的過程中，頭髮會承受很大的壓力，因此我們可以用很薄的物質裹在外頭來發揮保護功能——就像用隔熱手套來避免手燙傷一樣。抗熱護髮產品通常是可以附著在頭髮上的大分子，而且對熱能有極高的耐受度。

我在頭髮上使用抗熱護髮產品之後，一般會用吹風機來吹乾頭髮。濕頭髮之所以是「濕的」，是因為有水分子覆蓋在上面，而這些 H_2O 分子在 $100°C$（$212°F$）以下的溫度會自然蒸發。這並不令人意外，畢竟有人是習慣讓頭髮自然風乾。從科學的角度來說，讓東西風乾和讓玻璃杯中的水蒸發是同一回事。

有趣的是，當濕頭髮接觸到熱能，可能會產生幾種不同的反應，因為頭髮的化學反應性取決於熱能來源的溫度。$110°C$（$230°F$）以下的溫度就可能會對頭髮表面造成物理傷害，類似於手太靠近公共廁所的烘手機可能會導致的局部燙傷，但一般而言頭髮可以從這種傷害復原。

不可逆的熱損傷（化學傷害）會發生在熱度達到 $176°C$（$349°F$ 以上）時，這種熱度會立刻導致角蛋白鏈分解，在 YouTube 上搜尋有主題標籤「#hairfail」（燙壞頭髮）的影片就可以看到實際的例子。

這些可憐的孩子在用燙髮工具的時候把自己的頭髮燒壞了，不是因為（1）忘了使用熱防護產品，就是（2）直接加熱的時間過長。

一般來說（但實務上是另一回事，我稍後會解釋為什麼），吹乾頭髮的最佳溫度大概落在 135℃（或 275°F）。這個「理想的」溫度可以提供足夠熱能來加速汽化過程，但又至於造成任何化學傷害。

我第一次得知這項原理的時候，立刻就推論大多數吹風機的熱度應該會落在 100 到 135℃（212–275°F）之間。不過，花了幾秒鐘思考一下後，我就意識到這有多麼危險。水在 100℃（212°F）會沸騰，單是水蒸氣就足以讓你燙得受不了。我先生最近才在煮東西時因為蒸氣而燙傷兩隻手指，起水泡嚴重到我差點得帶他去醫院。

想像一下，如果你的臉附近有 135℃（275°F）的蒸氣會有多痛，哎唷。我們的手上至少還有老繭可以在不小心接觸到高溫提供保護力，頭皮上可沒有類似的東西。事實上，頭部的皮膚極為敏感，只要熱度達到 135℃（275°F）就已經無法忍受。

其實，市面上大部分的吹風機可以達到的熱度是 40 至 50℃（104–122°F），而我們在實驗室使用的類似工具熱風槍，則可以達到 593℃（1100°F）的溫度，相較之下吹風機

還蠻弱的。在任何情況下，都千萬不可以把熱風槍用在頭髮上。我在讀研究所的時候，有一次因為暴風雨被困在學校，我在恐慌狀態之下試著熱風槍烘乾我的衣服。起初熱風感覺起來實在太舒服了，直到我發現自己其實正在融化襯衫的合成纖維，導致纖維黏在我的皮膚上。

那麼，既然吹風機只能提供這麼少量的熱能，又是怎麼把頭髮上的水帶走的呢？這麼說好了，要解答這個問題，我必須先分析一下溫度究竟是什麼。當科學家使用「溫度」這個詞，我們想要表示的是一個系統中的平均動能。在化學中，動能指的是分子的運動，而且這與分子的速度——分子移動得多快——成正比。

假設我們現在觀察的是熱水的隨機樣本，會注意到其中的分子以相近的速度在移動，但嚴格來說並不是相同的速度。這受到幾種不同的因子影響，不過主要是因為分子和分子之間的碰撞以及分子和容器之間的碰撞。當水分子累積了足夠的速度，就會轉變為氣體。

我們可以用體育館裡的小朋友來想像以上的情況：如果你給小朋友自由時間，大部分的小孩會以不弄傷自己的方式到處亂跑、撞成一團或跳來跳去。有些小朋友會不斷衝來衝去，有些則會無所事事，甚至是站在原地。以這個系統而言，如果說所有的小朋友都在跑步或是走路，都是不太精確

的描述方法。這時我們可以改為報告小朋友的平均速度，基本上體育館的溫度就是這樣的概念。

　　不過這和吹風機有什麼關係？好的，先讓我們鎖定在空間裡衝來衝去的小朋友。他們移動的速度顯然比其他所有的小孩都還要快，而且可能會想要跑出這個受限的空間，到外面真正自由地奔跑。當機會出現（例如體育館的門打開時），所有的小朋友都會往門口移動，而那些暴衝的小孩可以用最快的速度跑掉，其他小朋友則會跟在後頭（如果他們加快速度的話）。

　　濕頭髮上的水分子也是相同的道理：吹風機可以提供一點額外的能量，讓水分子真的開始振動。只要水分子累積了足夠的能量，就能離開髮絲並跳入空氣中。當所有的水分子都這麼做，我們就能有一頭乾爽的頭髮。

　　不過，既然吹風機不會達到危險高溫，為什麼我們要在吹頭髮之前先上一層熱防護產品？事實上，我們吹頭髮時完全不需要多此一舉！這層保護其實是為了之後使用的加熱工具，例如直髮器或電捲棒，這些工具的溫度明顯高出許多。那麼為什麼要一走出浴室就使用熱防護產品呢？因為相較於乾頭髮，在濕頭髮上比較容易均勻塗抹液態的抗熱護髮產品。

　　不同於吹風機的是，加熱造型工具可以直接對頭髮施加

大量的熱能，因此大意之下可能引發負面的化學反應。優質的熱防護產品可以為你爭取更多時間，來使用更高溫的設定為頭髮做造型，就像耐低溫手套讓我可以在實驗室裡承受液態氮的超低溫——雖然只有幾秒而已！

配合適當的技術，加熱工具可以提供足夠的熱能，促使角蛋白中的分子以不同的方式排列，但又不會高溫到引起任何化學變化。換句話說，快速加熱會改變分子之間的作用，而不會改變分子中的鍵。

將頭髮燙直或燙捲後，胱胺酸分子之間的氫鍵（分子間作用力）改變了。舉例來說，胱胺酸 A 的氫原子原本是受到胱胺酸 B 的氮原子吸引，不過現在因為有熱能能量導入，而變得比較受到胱胺酸 C 的氮原子吸引。像這樣的分子重新排列也許看起來沒什麼大不了的，但其實很類似把樂高城堡裡的所有紅色樂高都換成藍色樂高的過程。積木有相同的結構和相同的強度，但城堡的實體外觀卻完全不一樣。頭髮內新形成的鍵讓我們可以把直髮變捲，或是把捲髮變直，造型工具的方向和施加的熱能會讓分子移動到特定的位置。

需要有熱能才能讓分子之間形成新鍵，不過最困難的部分其實是等待頭髮冷卻——至少對我來說是這樣。這是定型的過程，讓新的氫鍵可以固定在新的位置。如果你在頭髮完

全冷卻之前去擺弄，就會破壞這些氫鍵，使得頭髮回復自然的狀態。由於這些鍵只是暫時形成，洗個澡也會使得新鍵回到原點。

花四十五分鐘整理頭髮之後卻被一點風給毀了，為了避免這種令人沮喪的狀況，很多人偏好使用定型產品，例如定型噴霧或慕絲。這兩種產品之間的差異在於噴霧通常是有乙醇基底的液體，而慕絲則多半是泡沫，除此之外其實很類似！兩種產品（通常）含有一層很薄的聚合物，因此髮絲會黏在一起。希望接下來的譬喻不會讓你感到噁心：我向來都把這種狀態想像成髮絲之間有非常細的蜘蛛網，只要頭髮一靠近彼此，就會被對方的網子纏住，因此可以固定捲／直髮造型。

市面上有各種強度的定型噴霧，而且這些產品的相對強度和其中主要的聚合物大小直接相關。可想而知，較大的聚合物有較強的支撐力，因為有比較多原子可以與鄰近的原子形成薄膜。然而，較大的分子勢必會形成更大的滴狀，這有兩大壞處：（1）需要更多時間才能變乾，以及（2）導致頭髮觸感偏硬，有時甚至會有黏黏的感覺。

最便宜的產品基本上都可以順利附著在頭髮上，也能提供良好的支撐力，卻會導致討人厭的堆積物產生。一般而言，較小的聚合物在頭髮上會感覺更自然，也不會導致堆積

物產生，但支撐力就沒那麼強了，這就是為什麼通常小型聚合物會用於提供彈性支撐力的定型噴霧。

　　大多數的定型噴霧會利用乙醇／水混合物將其中的物質送到頭髮上。水的功能是讓聚合物保持溶液狀態，否則我們就得把厚重到像橡膠一樣的物質抹到頭髮上（好噁！）。乙醇則是具有相對較高的蒸氣壓，因此能提高定型噴霧使用後的汽化速率。

　　你應該還記得水會破壞新形成的氫鍵吧，所以科學家必須要想出另一種方法來讓聚合物附著在頭髮上。每一種定型產品都有獨家的「聚合物：水：乙醇」比例，來達到特定的強度。我的髮質極為纖細，所以通常我會在用電棒捲之前噴彈性支撐的定型噴霧，來促進氫鍵形成，然後使用電棒捲之後再以強力定型噴霧固定住氫鍵。

　　洗完澡、吹乾頭髮、整理好髮型之後，我會開始進行梳妝打扮中我最愛的部分：化妝。我會先從妝前乳開始，這是絕對不能跳過的步驟。好用的妝前乳就像雙面膠：在你的皮膚和妝之間形成分子間作用力，可以有效固定住你的妝容。我們之所以需要等個一、兩分鐘讓妝前乳變乾，是因為這樣才不會在擦上下一層底妝時，不小心抹掉任何妝前乳分子。

　　依照你的膚質，有好幾種底妝可選擇：液狀、粉狀、膏

狀和霜狀等等。我有一款很喜歡的潤色保溼乳，因為不僅能讓膚色均勻，還有保溼的功能。皮膚乾燥是很不舒服的狀態；又癢又可能會脫皮或龜裂。也許你中了基因大樂透，皮膚本來就含有很多水，但對我來說，保溼是絕對必要的步驟！

　　那麼，保溼保養品到底是什麼？根據定義，任何宣稱可以改善皮膚外觀的產品都是保溼保養品。實際上，這種產品未必真的能解決任何皮膚問題，不過效果最好的產品通常不是能夠改善皮膚乾燥，就是可以延緩光老化（或者兩種效果都有）。

　　大部分的皮膚科醫師都認同，導致皮膚乾燥的原因有以下四點：第一是皮膚最外層的角質層缺水。角質層的功能是防止細菌入侵的第一層防線，而皮膚細胞的水分充足時才能發揮最佳作用。如果細胞充滿水分，會呈現「腫脹」狀態，而且會均勻反射陽光——讓你的皮膚看起來像模特兒一樣完美。不過，如果細胞失去水分，就會萎縮並呈現皮膚不太好的狀態。

　　另一個導致皮膚乾燥的因子是表皮層的更新率偏高，也就是皮膚細胞很輕易且快速地自我取代。如果這個過程發生地太過迅速，皮膚細胞可能會含有不成比例的水分。另外也有證據顯示，皮膚乾燥的成因之一是脂質合成異常。理想的

表皮的表面脂質應該含有 65% 的三酸甘油酯、二酸甘油酯和遊離脂肪酸，以及 35% 的膽固醇（以重量為準）。任何不符上述比例的狀況，都會對皮脂（油脂）的生成造成負面影響。如果換個簡單一點的說法，就是缺少油脂＝臉部乾燥。

導致皮膚乾燥的最後一個變因是最顯而易見的因子。每次皮膚受到傷害，例如你不小心割傷或刮傷，都會破壞細胞，導致皮膚屏障受損。在這種情況下，太大意可能會引起感染，而在細胞修復的過程中，皮膚也可能產生乾癢的症狀。人在遇到以上任何一種皮膚問題時，都可能會需要用到保溼保養品。

身為冬天總是要對抗皮膚乾燥的前密西根居民，我最信賴的就是無香味的 Jergens Ultra Healing 乳液。其中含有石蠟脂──也就是你可能比較熟悉的凡士林──基本上是由多種碳氫化合物的膠狀物。這些非極性分子會吸附在皮膚最上層，並且排斥任何靠近的極性分子。這表示任何想要逃出身體的極性水分子，都會被趕回皮膚裡，所以你的皮膚就可以維持在舒適和保溼的狀態。

但是哪一種保溼保養品才適合你的皮膚呢？說實話，這是個人喜好的問題。舉例來說，我無法忍受會讓臉感到油膩的底妝，但我有些朋友堅持只用霜狀的產品。說真的，只要你長期使用優質的產品，就會開始注意到皮膚肌理出現改

變。任何適合的保溼保養品基本上都會在你的皮膚上形成保護層，避免細胞缺水。

最佳的皮膚保水狀態也有助於延緩光老化（因為接觸到陽光而導致皮膚提早老化）。當細胞有充足的水分，我們可觀察到皮膚在緊實和彈性程度上的差異，線條和皺紋都會顯得比較平滑。更重要的是，我們真的可以量化這些改變，方法包括測試皮膚的表面傳導率或表面延展性。

你以前的生物老師有沒有教你們用透明膠帶來觀察皮膚細胞？令人意外的是，其實只要觀察用一段膠帶從皮膚上取下的細胞，就可以得知不少關於表皮更新率的資訊。如果可以輕易取下膠帶，那麼你的膚質可以稱得上是正常；如果膠帶在你的皮膚上有任何一點滑動，那麼你就是油性膚質；而如果你取下了「非常多」細胞（相信我，你一定看得出來），你可能需要考慮換一款保溼保養品。我用膠帶測試自己的身體之後，發現腿部屬於乾性膚質，額頭則是油性膚質（這就是為什麼我不會把石蠟脂用在臉上）。

現在要聊聊有趣的東西了：腮紅、古銅餅和眼影全都和底妝的原理相同，這些妝會和妝前乳（有時則是和底妝）形成分子間作用力，並附著在你的臉上。腮紅和古銅餅的各種顏色是來自純分子，例如胭脂紅、酒石黃和氧化鐵棕。

古代埃及人也會使用胭脂紅——從壓碎的蟲子取得——

讓嘴唇呈現美麗的紅色色調。幸好，現代的唇膏都是用染劑而不是蟲子製成，另外還會加上一些氯氧化鉍（增添白色且像結冰般的效果）或二氧化鈦（讓紅色染劑變淡，呈現粉紅色色調）。

　　大多數人都沒有意識到，使用唇膏的過程牽涉到很多科學，就讓我們從唇膏的經典造型談起吧。當你打開一條唇膏，會看到厚實的圓柱蠟頂端呈現斜角。大多數製造商使用的是某種型態的巴西棕櫚蠟（或棕櫚蠟），讓唇膏有一點支撐力來維持形狀，否則你一把唇膏貼近嘴唇，整個膏體就會被擠成像鬆餅一樣的扁平狀。

　　除此之外，製造商也會加入石蠟脂（或橄欖油）混合物，來輔助染劑從唇膏轉移到嘴唇，唇膏通常都又軟又滑的原因之一就在這裡。這種質地的另一個成因是矽油，功能是將染劑固著在嘴唇上，只要搭配石蠟脂，這樣的組合就能製作出超持久的理想唇膏，唇色可以維持一整天。

　　有趣的是，睫毛膏基本上算是唇膏的變種，只不過是用在睫毛上。和唇膏一樣，睫毛膏是埃及人發明的，其中含有二氧化鈦可讓顏色變淺（呈現較不濃郁的色調），並利用巴西棕櫚蠟讓睫毛顯得立體。為了讓睫毛膏有防水效果，他們會加入一種大型的非極性分子十二烷，與極性水分子互斥。要是沒有這種碳氫化合物，水就會溶解睫毛膏並且流得

你滿臉都是。

睫毛膏和唇膏之間最大的差異在於，睫毛膏可能也含有尼龍或嫘縈。尼龍是非常大型的聚合物，會用於纖長型睫毛膏。聚合物可以分為兩類：天然與合成。天然聚合物是可以在大自然中找到的聚合物，例如棉（甚至也存在於人體內的 DNA）。合成聚合物如尼龍、嫘縈和聚酯纖維，都是在實驗室中製成的聚合物。

合成聚合物——有時稱為塑膠——是較小的重複單體以不同的模式組合而成，有點像是一串迴紋針。每一個迴紋針都是不同的獨立個體，但透過尾端的小接點組合在一起。分子是透過共價鍵連接在一起——包括每個分子**內部**的共價鍵，以及重複分子**之間**的共價鍵。這種像一串迴紋針的分子會形成大型（但很薄）的纖維，並一層層疊起來。這些堆疊本身有強大的分子間分散力，而且當堆疊變得夠大夠多，就會形成一群聚合物。只要正確的分子以正確的方式排列，就能形成相當強韌且有彈性的聚合物，尼龍就是很好的例子。不過，如果你曾經把褲襪（也是尼龍材質）弄出一個洞，就會知道聚合物也可能相當脆弱。聚合物的強度取決於分子的鍵，以及確保這些鍵穩固的分子間作用力。

聚醯胺——用於製成尼龍的聚合物——的重複分子是以很獨特的方式連結在一起，叫做醯胺鍵結。這種醯胺鍵結非

常特殊：只有當 A 分子一側的碳原子與 B 分子相反側的氮原子形成共價鍵才會出現。奇妙之處就在於 A 分子和 B 分子完全相同，所以這種鍵結會不斷重複，並形成一條透過這些超強碳—氮共價鍵相連的分子。

聚醯胺的別稱

你聽說過史蒂芬妮・克沃勒克（Stephanie Kwolek）這位科學家嗎？她是一位美國化學家，在 2014 年過世之前，擔任杜邦公司（DuPont）的有機化學家超過四十年。1964 年，她開始研究可以取代賽車輪胎中鋼鐵的新分子，結果意外在實驗室調製出奇怪的溶液。

克沃勒克對這種半液態、半固態的物質非常好奇，於是請同事把材質放入紡嘴處理，紡嘴這種器材可以把溶液紡成纖維。如果實驗成功，就可以產出看起來像玻璃棉而且像針一樣細長的纖維。結果克沃勒克非常幸運，這種材質真的可以製成纖維。她對這樣的結果非常滿意，便決定測試新分子的強韌程度，然後很意外地發現這種材質的強度比鋼鐵高出五倍（根據重量）。

又經過幾次實驗之後，克沃勒克和同事得知這種新物質加熱後會變得更強韌。如果你從來沒有在實驗室工作過，以上的結果簡直就像看著超人走進火裡然後變成浩克。不知怎麼地，火的熱能會

促使其中的分子重新排列，賦予物質超級英雄般的強度。

克沃勒克發現的材質就是克維拉（Kevlar）；現在各式各樣的產品都有用到這種分子，包括防彈背心和光纖電纜，甚至還有太空人登陸火星所穿的太空裝。這種巨大分子叫做聚對苯二甲醯對苯二胺，是一種合成纖維。

克維拉是目前人類已知最強韌的材質之一，其中的原子排列得非常緊密，與鄰近原子的鍵結也非常牢固，以至於沒有任何東西能破壞這種材質，連子彈也無法。

在奧蘭多夜店槍擊案（Orlando Nightclub Shooting）中，有一位處理報案的員警就是因為戴了克維拉頭盔，沒有讓子彈穿進頭部而保住一命。而在 2018 年佛羅里達校園槍擊案（Parkland shooting），有一群高中生在少年後備役軍官訓練室找到克維拉布料並躲在後面。

這種布料可以救人，全都因為分子之間（特別強大）的吸引力。

聚醯胺中的彈性纖維是 1930 年代的發明，當時隨即被視為製作衣物（而不是化妝品）的絕佳候選材質。舉例來說，1939 年市場首度推出尼龍襪這項產品，具備了很多棉

或羊毛製成的襪子沒有的優點。當時的女性會願意花很長的時間排隊，只為了買到一雙襪子──有點像是現在黑色星期五促銷排隊的盛況。

和其他布料一樣，尼龍會被拉成又長又細的纖維，並且像柵欄的木板一樣排在一起。接著以複雜的迴圈紋路將這些纖維織在一起，形成尼龍布料。雖然這種布料非常有彈性，卻不像前一章提到的聚酯纖維布料那麼透氣，因為尼龍的分子實在靠得太過緊密。

就像先前提到的，這種新的尼龍襪剛開始生產時，當時的女性深受這種突破性的布料吸引。在第二次世界大戰時間，杜邦公司轉換了產線，不再用聚醯胺材質製襪，而是開始生產美軍的降落傘。結果，襪子的供應量下滑，需求量卻上升，引爆了──我可沒有開玩笑──尼龍騷亂（Nylon riots）。女性非常不滿無法買到尼龍襪，於是開始為了爭奪襪子而產生摩擦，有些女性甚至還去搶劫鄰居！

戰後，廠商又開始生產襪子，這一次是將尼龍布料與其他天然和合成纖維混紡，例如棉和聚酯纖維。這類混紡布料在當時是嶄新的想法，後來在女性時尚產業大受歡迎。新型的襪子輕盈有彈性，而且平價又可愛。不過從分子的角度來說，這不過是另一種類型的聚合物而已。

在現代，布料經常會含有各式各樣的聚合物。戶外運動

服裝通常會是尼龍混紡材質，例如防雨外套或防水長褲。有一種最廉價的聚合物叫做聚對苯二甲酸乙二酯（PET），是全球產量第四高的聚合物，而且你說不定已經知道這種材質俗稱的名字：聚酯纖維。就像尼龍一樣，聚酯纖維（以及其他常見布料）是由多種聚合物鏈和鏈結機制組合而成。

　　我可以一直一直說下去，因為事實上，你衣櫃裡的每一樣東西都充滿了化學——天鵝絨含有醋酸纖維；棉花含有纖維素；有些排汗衣物則使用了一種叫做聚乳酸的聚合物。

　　就連你的珠寶也是化學！耳環、手環和項鍊其實都只是一些金屬覆蓋在其他金屬上，接著再融化並塑形新的形狀和質地。說到這裡，趕緊戴上誇張的耳環，然後準備好你最清涼的比基尼，因為我們要去海邊了！

8
給我陽光
海灘活動

——

　　從奧斯汀出發的話，不用四小時就能抵達海邊。我們只需要把狗狗趕去後座、打開汽車天窗，然後享受前往加爾維斯敦（Galveston）或科珀斯克里斯蒂（Corpus Christi）晴空萬里的路程。2019 年的夏季，接近水邊根本快要變成一種生存手段。那一年的八月，整個月有二十天的溫度達到100°F（37.78 °C）以上，太殘忍了。

　　那年夏天我和先生幾乎是住在海邊，而我就是從那時候開始注意到海邊各種發生中的化學作用。從防曬乳裡的阿伏苯宗到泳裝的聚合物，不論往哪裡看，我都可以找到和我最愛的科學相關的實際例子。

　　絕佳例子：我的保冷箱。

　　夏天最不可或缺的用品之一就是優質的保冷箱，即使外頭艷陽高照，也可以讓食物和飲料保持在奇蹟般的冷度。我們最愛用的保冷箱是用聚乙烯製成，不過聚苯乙烯也是常見

的材質。

　　我想你應該沒有思考過保冷箱背後的科學原理，但其實這是很驚人的發明；這種耐用的工具利用特殊的分子結構，實實在在地把冷空氣困在裡頭。多數又大又厚實的保冷箱通常是以兩種不同型態的聚乙烯製成，所以先來看看這種聚合物吧。從名稱就可以看出來，聚乙烯聚合物是由很多乙烯分子組成，也是目前最常見的塑膠型態。乙烯是一種碳氫化合物，分子式為 $H_2C=CH_2$，屬於極度易燃的氣體。乙烯是非極性物種（電子平均分布在分子內），所以只能與鄰近分子的形成分散力。

　　不過，在極度高壓之下，乙烯可能會自行產生化學反應，形成巨大的乙烯鏈。在這種狀態下，雙鍵會斷開，只剩下單鍵連結原本的分子。經過這個步驟之後，碳原子可能會與不同的碳原子形成新的共價鍵，最後形成很長的碳氫鏈。

　　讓我用這本書第一部的萊恩・雷諾斯例子來說明一下吧：如果你還記得，我們有討論過如果我握住萊恩的雙手，就可以和他形成雙鍵。但如果我想要進行聚合反應，就得放掉萊恩的其中一隻手，並且伸出手和另一位迷人的明星形成新的連結，像是喬・曼格尼洛（Joe Manganiello）。當然，萊恩也會做出相同的動作，這樣他才能和布蕾克・萊芙莉產生新鍵。

這種骨牌效應會一直持續下去，直到所有的碳原子週邊都環繞著四個共價鍵（因為碳在元素週期表的位置）。產物聚乙烯是非極性分子，而且聚合物纖維之間有分散力，這種作用非常類似於個別乙烯分子之間形成的分子間作用力。

這些分子非常巨大，分子重量達到 10,000 ～ 100,000 公克／莫耳。由於聚乙烯是巨大的非極性分子，具有不溶於水的特性，因此這種聚合物分子非常適合用來製造保冷箱。不溶於水的特性讓我們可以在箱子裡放滿冰塊，然後帶去海邊。

聚乙烯也可以製成三明治保鮮袋，讓三明治不會因為冰塊而潮濕變軟！不過，用來製成保冷箱和製成三明治保鮮袋的聚合物之間有什麼差異呢？首先，大部分保冷箱的外層塑膠材質是高密度聚乙烯（HDPE），而三明治保鮮袋的材質則是低密度聚乙烯（LDPE）。我們先從低密度聚乙烯說起好了，這樣我才能清楚解釋這其中的差異。早從 1930 年代就有人開始使用低密度聚乙烯，這種材質的密度低於高密度聚乙烯（我知道很像廢話）。不過，即便這兩種塑膠的聚合物中有一模一樣的原子和共價鍵，形成鍵的方式卻非常不同。

低密度聚乙烯是鄰近的乙烯分子之間形成共價鍵而組成的聚合物，就像之前討論過的，當乙烯分子開始與彼此產生

反應，雙鍵會斷開，接著靠近的碳原子之間會形成新的單鏈。這個過程會形成所謂的支鏈碳氫鏈，也就是說，形成的不是一條排列成一直線的碳原子，而是隨機碳原子之間產生鍵結，整個結構中都是 T 字形。線性的形狀整齊有秩序，就像排隊去吃午餐的幼稚園小朋友一樣，而支鏈形狀則是一片混亂，像是下課時間的幼稚園小朋友。

低密度聚乙烯的支鏈形狀就是這種塑膠比高密度聚乙烯聚合物脆弱（而且更明顯更具有延展性）的原因，由於這種形狀使得分子很難緊靠著其他低密度聚乙烯聚合物，分子之間不容易形成強大的分散力。這表示在固定的空間中，聚合物的密度會比較低，精確一點地說，密度範圍會是 0.917 ～ 0.930 g/cm^3。

這背後真正的意義其實相當重要，同時也是為什麼我們這麼常在日常生活中使用這種類型的聚合物。具有延展性和韌性，非常適合製成三明治保鮮袋（還有塑膠海灘防水袋——直到大家發現自己製造了太多廢棄物，才開始改用環保袋）。低密度聚乙烯聚合物是用來包裹大三明治的理想選擇，因為這種材質可以包覆脆弱的麵包，同時又能避免你的午餐受潮，尤其和天然材質比起來更是如此，例如紙就是完全沒有彈性，無法延展、彎折或防水。

嚴格來說，聚乙烯並不是一種堅硬或沒有彈性的聚合

物，這代表理論上我們可以把分子塑造成不同的形狀。我們可以改變這類塑膠形狀的程度，取決於聚合物中的分子是如何排列。舉例來說，如果我們抓著塑膠三明治保鮮袋的兩側一拉，會看到袋子的整個形狀都變了。袋子馬上就會適應壓力，長度增加且寬度減少，基本上是變成啞鈴的形狀。如果拉得太用力，塑膠最後甚至會破掉。

這種過程叫做頸縮（necking），會發生在聚合物中的分子試圖適應壓力時。在還沒拉扯塑膠袋之前，分子是隨機排列，像鍋子裡濕濕的義大利麵。不過一旦開始拉塑膠袋，分子會被拉直，就像立刻把鍋子裡所有的濕麵條換成乾麵條。在壓力之下，分子的形狀從彎折變成直線，而且排列整齊。分子細長的形狀加上整齊的排列，讓塑膠得以延展，變成我剛才形容的啞鈴形狀的中段。

然而，如果你放開袋子，大部分的面積會變回原本凌亂的形狀。（塑膠和你手指接觸的地方可能會有一點受損，但除此之外，內部的聚合物應該會回復原本的排列方式。）

不同於低密度聚乙烯的是，高密度聚乙烯是線性構造，數百個碳原子之間有強力的共價鍵。之後我會解釋這背後的原理（說起來蠻瘋狂的），不過你需要知道的是，這種形狀使得高密度聚乙烯聚合物比支鏈形的低密度聚乙烯聚合物堅固許多，因為高密度聚乙烯聚合物可以緊密貼合，就像乾燥

狀態下的義大利麵。因為這樣的構造，聚合物可以在每個聚乙烯分子之間形成強大的分散力鍵結，所以用於大保冷箱的高密度聚合物可以達到 0.930 ～ 0.970 g/cm^3 的密度。

儘管科學家有辦法預測高密度聚乙烯的強度高於低密度聚乙烯，但他們一開始卻無法找到有效率的方法來合成這種聚合物。低密度聚乙烯為世人所知二十年後，德國化學家卡爾·齊格勒（Karl Ziegler）開始對乙烯進行各種實驗。每一次反應發生之後，他都會得到某個版本的相同產物：丁烯，這種分子只有一個雙鍵，其他部分全都是單鍵。

齊格勒深深著迷於這個意外的化學反應，隨即開始執行更複雜的實驗。他發現乙烯氣體內藏有少量的鎳，所以才會形成丁烯。

齊格勒欣喜若狂，開始把各式各樣的金屬丟進乙烯混合物（當然是一次加入一種）。雖然稍嫌隨便，但他確實有收穫。他很快就注意到加入鋯和鉻也能產生各種聚合物，但使用鈦可以最有效地產出理想中的線性聚乙烯。

這項發現十分有突破性，因為還尚未有人用金屬來讓另外兩種分子之間形成共價鍵。在這之前，科學家只會把分子混在一起，然後改變分子的濃度、壓力和溫度，試圖引發正確的化學反應。不過在沒有意識到的情況下，齊格勒觸發了一種新類型的催化作用——無機化學，這在化學領域裡可是

很熱門的主題。

齊格勒在 1952 年的一場研討會上發表了研究結果，當時義大利化學家居里奧‧納塔（Giulio Natta）深信自己可以幫忙提升這種「齊格勒催化劑」的效果，方法是再加入別的東西──共催化劑。就如同字面上的意思：加入第二種金屬來幫助第一種金屬引起化學反應。

結果證明納塔的看法沒錯，於是兩人很快就研發出齊格勒─納塔催化劑，指的是任何兩種能讓雙鍵轉化為單鍵的共催化劑，尤其是可以產出長型的聚合物鏈。這種非正統的合成方法實在太過創新，甚至在學界引起一陣新聚合物研究的風潮。由於這項發現徹底革新了當時的聚合物產製方法，齊格勒和納塔在 1963 年獲得諾貝爾獎。

有了又快又簡單的方法可以產出高密度聚乙烯之後，工程師迫不及待地開始運用這種堅固的聚合物製成常見的家庭用品。現在，高密度聚乙烯不只用於保冷箱或保冷箱，也是製成船、海灘椅、冷飲桶以及防曬乳容器的材質。聚乙烯基本上在海灘上隨處可見，例如低密度聚乙烯就存在於遊樂場的滑梯、塑膠容器的蓋子和果汁盒。

過去幾年來，高密度聚乙烯成為製作塑膠保冷箱的首選材質，因為這種分子具有絕佳的絕緣性質。做為絕緣體，聚合物可以將在物質間轉移的熱降到最低。再加上硬泡棉，陽

光就不容易穿透保冷箱外層，因此熱空氣會留在海灘，而冷空氣則會讓保冷箱裡的六罐裝飲料保持低溫。

你知道嗎，在 1960 年代，製造商開使用聚合物來製作六罐裝飲料的包裝環，取代原本的金屬和紙質固定環？我想這個改變應該是大獲好評，因為紙質固定環一碰到飲料罐上的凝結水珠就會分解。然而，從 1970 年代後期到 1980 年代初期，有一波環保運動興起，目標是禁止使用任何太過堅固的六罐裝塑膠環。當時，很多小型野生動物會因為卡在這些塑膠環中而無法覓食，於是製造商隨即改用比較有彈性的塑膠，來避免不必要的動物傷亡。這表示新型的六罐裝包裝環必須要堅韌到足以把飲料罐固定在一起，但又要脆弱得可以扯開；最理想的選項就是低密度聚乙烯。

1993 年，美國國家環境保護局（Environmental Protection Agency，EPA）規定所有的塑膠環都必須是可生物分解；這些塑膠必須在沒有人為輔助處裡的情況下自然分解。解決方法是利用光降解作用，也就是紫外線分解聚合物中的鍵的過程（稍後會再仔細解釋紫外線）。端看塑膠的尺寸大小，這整個過程可能會長達好幾個月，甚至好幾年。不過，如果把塑膠丟進掩埋場，和其他垃圾埋在一起，那麼陽光就無法觸發這種機制，塑膠永遠都無法分解。像高密度聚乙烯這樣的高密度聚合物因體積較大，需更多時間才能自行分解。

任何以乙烯為主的聚合物都是如此，包括用於製成泡棉保冷袋的大型分子聚苯乙烯（PS）。聚苯乙烯是由苯乙烯分子組成，看起來很類似乙烯，唯一的差別是乙烯的末端氫原子（$H_2C=CHH$）被又大又笨重的苯環（C_6H_5）取代了，所以苯乙烯看起來會像這樣：（$H_2C=CHC6H5$）。而就像聚乙烯的整個結構都佈滿了氫，在聚苯乙烯裡，每兩個碳原子就有一個會連接著六員苯環（C_6H_5），總之是個很大的分子。

1839 年德國藥劑師愛德華·西蒙（Eduard Simon）首次合成出聚苯乙烯；他從東方楓香萃取出樹脂並熬煮成油狀物質，透過精鍊，他成功分離出一種叫做蘇合香烯（styrol）的分子，而這種分子最終濃縮成滑溜溜的物質，像果凍一樣。後來在 1866 年，法國化學家馬塞蘭·貝特洛（Marcellin Berthelot）確認這種分子是長鏈的碳氫化合物，並且帶有交互存在的苯環。不過在當時，科學家還沒有發現聚合物，因此，要等到八年之後，這種物質才正式被命名為聚苯乙烯。

聚苯乙烯可能形成的三種常見結構是同排、對位或不規則排列。這些詞彙是用來表示聚合物的**立體構造規整性**（**tacticity**），簡單來說，就是表示苯環的所在位置。如果所有的苯環都位在聚合物的同一側，就會用「同排」這個詞來指稱。從化學的角度來說，所有的苯是在右邊還是左邊並

非重點，我們只在意苯都集中在同一側──就像如果蜈蚣只有右邊的腳。這種聚合物是三個類型中最堅固的一種，因為可以與所有鄰近的聚合物緊貼在一起。

基於相同的理由，同排構造可以用於製成最優質的泡棉保冷袋。和聚乙烯保冷箱是一樣的道理，熱空氣無法穿過泡棉來接觸到冰涼的汽水和水果沙拉。不過，如果是比較平價的泡棉保冷袋，就有可能採用另外兩種立體構形。

如果聚苯乙烯聚合物的苯基是交替排列（右─左─右─左），就會用「對位」這個詞來描述。這類聚合物看起來像玫瑰的莖，葉子沿著整條莖交互生長。如果是這種形狀，聚合物就無法像乾燥的義大利麵條一樣排列，顯然類似葉子部分的分子會使得聚合物無法整齊排列。

如果苯基看起來是隨機排列或毫無秩序，就可以用「不規則排列」這個詞來表示。這類聚合物是三個類型中最脆弱的一種，因此融點也最低。基於相同的理由，不規則排列聚合物是三種結構中最有彈性的一種，所以質地也比較像橡膠。

由於苯環實在太大了，聚苯乙烯聚合物通常會呈現不規則排列結構，也就是苯環會在聚合物中隨機排列。有些在左邊，有些在右邊；有些彼此相鄰，有些則保持等距，完全沒有模式可言。

　　正因如此，我們其實只會用到兩種主要型態的聚苯乙烯。第一種型態叫做晶狀，常用於任何一種立體構造規整性的拋棄式塑膠製品，例如去海邊野餐的時候你可能會帶著的塑膠刀叉。而如果你偏好使用食物保鮮膜而不是三明治保鮮袋，那麼你的保冷箱就會裝著滿滿的聚苯乙烯。

　　食物保鮮膜可以說是最酷的發明之一，因為不需要任何類型的黏合劑如膠帶，就能完整密封容器。聚苯乙烯內部的分子間作用力實在太強，以至於原子會彼此吸引，促使塑膠黏在一起。如果你不小心把一片保鮮膜黏在手上，只要慢慢把保鮮膜平整地蓋在容器上就可以了，這樣能讓原子有多一點時間在不同的聚合物鏈之間形成分散力。

　　第二種型態的聚苯乙烯是發泡型（所以叫做發泡聚苯乙烯）。這種版本的聚合物通常會出現在海灘上任何以舒泰龍製成的用品，例如保麗龍杯或泡棉保冷袋。（舒泰龍〔Styrofoam〕是保麗龍的品牌名稱，就像我們經常會用舒潔〔Kleenex〕來泛指任何衛生紙。）有些政府機關甚至會把聚苯乙烯鋪在路面下當作絕緣體，防止柏油凍結和變形。

　　發泡聚苯乙烯是一種蓬鬆的聚合物，當工業科學家在大廠房裡製造這種物質，過程真的非常精彩。首先，他們會把聚苯乙烯分子切割成小小的圓形顆粒，像魚子醬一樣。接著要往顆粒充氣，再丟進大型模具。在模具裡，顆粒會因為蒸

氣而融合在一起，也就是先加熱到高溫，然後擠進模具來成形。

聚苯乙烯發泡材大約含有 3 ～ 5% 的聚苯乙烯，其他都是空氣。這就是為什麼大部分的保麗龍產品都這麼輕，泡棉保冷袋就是一個例子。聚苯乙烯發泡材也是良好的絕緣體，所以我們可以用這種聚合物來保持食物和飲料冰涼。

然而，不論是晶狀或發泡聚苯乙烯，都沒有強到足以承受碳酸飲料的壓力。能勝任這個任務的，就只有我們的好朋友聚對苯二甲酸乙二酯（PET），也就是上一章在討論聚酯纖維時提到的材質。

有趣的是，同一種聚合物也經常用於製造水瓶和汽水。這種塑膠呈現半透明，是一種很不錯的性質，因為我們可以看到自己在喝什麼。不過更重要的是，這種瓶身也夠堅固，可以承受汽水中所有的二氧化碳分子相互碰撞所累積的壓力。如果你和我一樣，喜歡帶水果去海邊，你的美味莓果四周也可能有 PET 分子，也就是塑膠的連蓋容器。

把所有的點心和飲料都裝進保冷箱之後，就可以穿上泳衣跳上車了。想當然，大部分的泳衣布料都是用聚酯纖維聚合物（或尼龍聚合物）加上約 10 ～ 20% 的彈性纖維製成，所以泳衣才會有延展性和彈性又超級舒適。

我們先前已經討論過聚酯纖維和尼龍的特性，所以這

並不令人意外，不過彈性纖維，也就是萊卡（Lycra）或彈力纖維（elastane）這種合成纖維還有一個特別令人驚嘆的特點。在 1952 年，這種聚合物是用聚醚和聚脲混合製成，而且原本合成的用途是要取代女用束腹裡的橡膠。由於含有這種聚合物的內衣相當舒適，很快就被命名為彈性纖維（spandex），也就是把擴展（expand）這個詞重新組合。

以上提到的三種合成纖維都很適合製成泳裝，因為都具有非極性的性質。當我們跳入海水中，水分子會立刻沖進泳衣纖維之間的空隙，如果是棉或羊毛等天然布料，就會吸滿水分。不過，由於我們穿在身上的材質是非極性，實際上非極性的布料會排斥極性的水分子。雖然這並不能徹底阻止水分子被吸收——畢竟泳裝沒有防水——但可以將吸收的水量降到最低。

為了證明我的論點，先讓我們想像有一件棉製泳衣，基本上是由另一種叫做纖維素的聚合物構成。纖維素的組成是覆蓋著醇官能基（OH）的長鏈葡萄糖分子，因此纖維素分子極具極性，會與大海中的水形成大量的氫鍵。當山羊要用胃溶解纖維素，這種分子間作用力會是好幫手，但是在泳裝上，這些鍵會讓你的泳衣下擺呈現尷尬的下垂狀態。由於有太多水被吸收並且和棉纖維鍵結，這些分子的重量會導致布料往下沉，最後把泳衣剝離你的身體。

　　為了避免這種丟臉的情形，我通常會買含有尼龍和萊卡混紡布料的泳衣，而且如果有用回收尼龍製成的商品，我一定會買。回收衣物過程叫做熱熔擠出，是利用高溫和壓力分解舊的聚醯胺聚合物。話說回來，真的要買泳裝的時候，我還是比較在乎版型和合身程度。

　　另一方面，我先生完全不在乎海灘短褲的版型。他只想要一件輕量又抗水的褲子，所以適合他的材質通常是聚酯纖維／彈性纖維的混紡布料。水真的會直接從他的褲子滑落；不過，他需要褲頭拉繩才能固定短褲，因為這種布料沒那麼有彈性。

　　我們去海邊時，我通常走到哪都會看到彈性纖維，例如泳裝和潛水衣、自行車衫和沙灘排球服裝，甚至很多泳衣罩衫也有這種材質。如果你看得夠仔細，也會發現品質比較好的帽子上也織進了這種纖維，所以版型會更立體。

　　但話說回來，在海邊到底為什麼要穿罩衫或是戴帽子？我們想要防的到底是什麼？

　　光線。

　　超級有害、引發癌症、充斥海灘的光線。

　　不過光線到底是什麼東西？是化學嗎？

　　當然是！事實上，你現在可以看到的一切，隨時都在和光線產生作用。在角落的那本紅色書籍正在散發光譜紅區

中的可見光，而你的紫色襯衫則是在散發紫區中的光線。
檯燈的光線和手機的電池都是屬於紅外線（IR）輻射，也就
是熱能（這就是為什麼這些東西會發熱）。如果你的房間有
黑光燈，或者窗簾是打開的狀態，那麼你就是暴露在紫外線
（UV）輻射之下。所以，除非你現在身處一片黑暗之中，
否則你一定接觸到光線。

　　科學家研究光線的歷史非常悠久，早在他們還認為所有
物質都是由土、空氣、水和火組成的時候，希臘哲學家恩培
多克勒（Empedocles）深信人的眼球會射出火元素，並照亮
身邊的環境，所以人才會看得見。

　　這個理論顯然有好幾個大漏洞，最明顯的就是如果我們
有可以射出火球的眼球，在黑暗中應該可以看得到東西。很
巧的是，恩培多克勒也是發想出四元素理論的人，而他的兩
個想法都錯了；我們心知肚明，人類可不像《X戰警》裡的
獨眼龍（Cyclops）一樣有可以置人於死地的雙眼。

　　一直到1600年代，法國哲學家勒內・笛卡兒（René
Descartes）才提出光的表現類似波動的理論。當時，李奧納
多・達文西（Leonardo da Vinci）已經發現聲音會以波的型態
傳播，因此笛卡兒假設光線也是類似情況其實非常合理。單
是這個概念，就完全翻轉了我們最終如何理解所有的原子元
素——包括質子、中子，還有特別是電子——以及這些元素

是如何同時以粒子和波動的型態存在。

我在這一節提到波動的時候，希望你可以想到海洋的波浪。波動一定是源自某個釋出能量的東西（例如船或水上摩托車），然後暢通無阻地透過水傳播出去，直到撞上陸地或遇到島嶼而轉彎。以聲音的波動來說，聲波遇到障礙物（例如牆壁）同樣會轉向，這就是為什麼即使人在隔壁房間，也可以聽到廚房的計時器響了。這個人不需要看到計時器，也不必位在通往計時器的直線路徑上，還是可以聽到聲響。

當初，光像波動的理論相當有影響力，因為這解釋了為什麼光能以不同的速度透過液體傳播。不過，如果光線和聲波的表現相同，那麼應該可以預期光線遇到障礙物也會轉向。這個理論最大的問題就在於，我們無法透過磚牆看到手電筒的光線。儘管光從某些層面來看確實有像波動的行為，但科學家明白波動理論無法徹底解釋光的原理。

幾年後，英國物理學家艾薩克・牛頓（Isaac Newton）決定出版一位默默無名的已逝法國哲學家的著作，想要釐清光波動理論中的漏洞，並推翻這個理論。這位作者就是皮埃爾・伽桑狄（Pierre Gassendi），他認為光其實表現得更像粒子，也就是像具有質量的東西。就某方面而言，以上的推論沒錯——而且我們現在稱為光子的粒子就是建立在這個基礎上——不過這個理論並不完整。

　　如果光是粒子，那麼應該可以預期磚牆會阻擋所有型態的光穿過，就像阻擋任何有質量的東西，例如籃球。一如我們不可能丟出穿牆的籃球，我們也不能預期光線會穿過（或繞過）牆壁。這大致上是事實，但還是無法解釋光的折射——也就是彩虹的成因，以及光線遇到門的邊角會轉彎的原因——如果光是由直線傳播的無窮小粒子組成，就不可能會有這種現象。

　　為了簡單講完這個非常漫長又極為複雜的故事，我要快轉到 1920 年代，當時法國物理學家路易・德布羅意（Louis de Broglie）提出的假設是，所有物質都會有像波動和像粒子的表現。後來這套理論經過改良並納入光，波粒二象性的概念就這樣誕生了。

　　波粒二象性是化學領域中最根本的原則之一，因為這可以解釋粒子（例如質子、中子和電子）是如何像波動一樣運作。我們可以用波動力學來預測電子會位在原子或分子的哪裡，而從這項資訊，就可以得知一切有關陽光的必備知識。

　　還記得在這本書第一部討論過的那些軌域嗎？所有的 s、p、d 和 f 軌域都是源自同一個以波粒二象性為基礎的方程式：薛丁格方程式（Schrödinger equation）。事實上，解開薛丁格方程式後，得到的解答會是表示電子的一個數字（元素週期表的列）和一個字母（軌域）。這表示有史以來第一

次，科學家有辦法判斷電子的能量以及相對於核的位置，而且準確度相當高。這一切都要感謝我們的好朋友：奧地利—愛爾蘭物理學家埃爾溫・薛丁格（Erwin Schrödinger）。

具有開創性的波粒二象性理論不僅能套用在物質上，似乎也很適合用來解釋先前提到的陽光性質。

科學家得知的是，地球（以及海灘）上的光是來自太陽的電磁輻射。電磁輻射（electromagnetic radiation）泛指任何透過電磁場的某個區域傳播（也就是輻射）的能量型態，能量會以兩種相互垂直波動（電波和磁波）在空間中傳播，所以叫做電磁輻射。

由於電磁輻射──或電和磁的能量轉移──在化學中是非常根本的原則，我想要更深入地分析這個主題。如果特定類型的光線從左傳播到右，電波和磁波也必須從左到右移動。

簡單來說，我們假設電場從鋼索的左側移動到右側，因此根據定義，磁場也會由左到右移動，只是方向不同。電場是水平地在鋼索移動，而磁場則會以垂直波動的模式傳播，從鋼索的上方跳到鋼索的下方，接著再回到鋼索上方。以上描述的狀況都在同一時間發生時，光就能穿過我們的大氣。如果有個分子（或任何東西）干擾到電波或磁波，原子可能會阻擋光，或是使得光彎折。

　　量子力學——研究次原子粒子的科學——只要稍微談得深入一點就會變得極為複雜，所以我想請你記住一個重點即可：有非常多種不同的電磁能量，也就是有很多種光！科學家把光的類型彙整成波譜（叫做電磁波譜），並根據波長排列。在波譜的一端，有所謂的無線電波，波長超級長，規模幾乎和一棟建築一樣。因為這種電波實在太大，所含的能量非常低。無線電波動完全不會傷害你的身體，這就是為什麼我們可以安全使用 Wi-Fi 和藍牙這些無線電波。

　　在波譜的另一端，則有波動超短但能量很高的伽瑪射線。這種波長接近原子核的尺寸；小到不可思議。這種輻射的危險程度足以摧殘你的身體，並且對體內器官造成嚴重傷害。也因為如此，在謹慎使用之下，高劑量的伽瑪射線可以殺死癌細胞。

　　不過就像《金髮姑娘和三隻熊》（*Goldilocks and the Three Bears*）的故事，也有剛剛好的電磁輻射，波動不會太短也不會太長，能量不會太低也不會太高。這種電磁波位在波譜的中段，有中等的波長和中等的能量（相較於無線電波和伽瑪射線可。

　　以上提到波動剛好可以對應到地球表面每天從太陽接收到的三類能量：紫外線、可見光和紅外線。討論染劑和布料時已經提過可見光，也分析過爐火產生的紅外線能量，所以

現在我想要把重點放在這三種能量中最危險的一種——紫外線（UV）——並且解釋為什麼去海邊時要擦防曬乳。

紫外線是地球表面從太陽接收到的最高能量，在 1801 年首次發現，起因是德國—英國天文學家威廉・赫雪爾（William Herschel）正確辨識出熱能波動（紅外線）。赫雪爾證明了能量能以長於可見光的波長傳播；因此德國物理學家約翰・威廉・里特（Johann Wilhelm Ritter）開始猜想是否有另一種「隱形」能量，但波長比可見光。

里特開始對紫光（人類肉眼可見最高能量的光）以及後來被稱為紫外線的光進行各種實驗，他注意到「隱形」紫外線會導致浸泡在氯化銀溶液中的紙張變黑，而且比紫光的作用速度更快。事實上，紫外線幾乎是立即和溶液產生作用並導致顏色改變。由於紫光是當時已知最高能量的光，里特隨即意識到自己意外發現了一種值得探究的東西。

紫外線波——當時又被稱為化學射線（chemical ray）——差不多和一個分子一樣大。儘管這樣的波長偏小，卻極為強大，因為其中含有很多能量。舉例來說，1878 年科學家發現紫外線可以用於殺菌，便開始紫外線消毒各式各樣的物品，包括醫療器材，而且至今從未改變。事實上，在 2020 年，科學界得知紫外線可以用於消滅 COVID-19 之後真是鬆了一大口氣。

　　紫外線有幾種不同的類型，分別叫做 UVA、UVB 和 UVC，波長有些微的差異，太陽會散發出少量的每一種紫外線。紫外線 A（UVA）是三種之中能量最弱的一種，波長落在 315 ～ 400 奈米（nm）。因為這種能量是波長最長的紫外線，有時會被稱為長波輻射。UVA 在我們的日常生活中最常見的用途是做為黑光燈，儘管看起來不怎麼明亮，但這種波動含有極高的能量，所以千萬不可以直視這種光線（或是太陽本身）。出於相同的原因，也千萬不可以全裸躺在充滿 UVA 射線的環境，例如日曬機（稍後會詳談這個部分）。

　　波長縮短一點到 280 ～ 315 奈米的範圍，就是另一種叫做紫外線 B（UVB）的輻射。UVB 的能量高於 UVA，可以用於治療幾種不同的皮膚問題。乾癬和白斑症這兩種常見的疾病都可以透過直接接觸 UVB 來治療，雖然可能無法消除所有的症狀，但暴露在高能量光線之下通常有助於緩解。

　　飼養蜥蜴和烏龜的人通常會在這些爬蟲類的籠子裡裝設叫做保暖燈（basking light）的 UVB 燈具，來確保可愛的寵物有舒適的環境。籠內的 UVB 光線對爬蟲類和兩棲動物等冷血動物很有助益，因為這些動物的身體可以吸收週邊環境的能量。看著這些小生物沐浴在 UVB 燈泡的光線下，其實還蠻療癒的。

　　話說回來，人類其實也需要一點陽光。我們的皮膚中都

有膽固醇,是一種由四個環(三個六員環和一個五員環)結合在一起的分子。膽固醇會與來自 UVB 輻射的高能量產生反應,並產出維生素 D_3——膽鈣化醇分子的常見稱呼。

如果人類接觸到的陽光不足(最後導致維生素 D 不足),就可能會出現維生素 D 缺乏的症狀,影響到人體吸收鈣的能力,並造成骨骼密度降低。到最後,維生素 D 缺乏很有可能會導致骨折,這就是為什麼每天都應該要在戶外待個幾分鐘。你的皮膚就是需要一點時間來讓 UVB 分解其中的膽固醇,並轉化成維生素 D。

能量最高的紫外線類型叫做紫外線 C(UVC),波長落在 100 ～ 280 奈米。這種偏短的波長屬於極高能量輻射,科學家後來才發現當初在 1878 年所觀察到的殺菌性質,其實是源於這種高能量輻射。

既然 UVC 輻射可以殺死細菌和病菌,當然也會對人體的細胞造成嚴重傷害。事實上,超過九成的皮膚癌都是 UV 輻射造成。這些「化學射線」強大到足以穿透人類皮膚,並破壞分子中的鍵,我們稱之為鍵離解(這個過程和字面上的意思一樣:鍵斷裂並導致原子解離)。

當你體內的分子發生這種狀況,新釋出的原子會到處移動,想找到新的結合對象,但很不幸的是,這可能會導致有問題的新鍵形成。如果這些鍵是在分子中錯誤的部分或人體

中錯誤的部位形成，就可能生成癌細胞。

好消息是，只要擦上厚厚一層叫做防曬乳的乳液，就能避免皮膚癌。這種化學製品會吸收 UVA 和 UVB 輻射，但三者之中最危險 UVC 呢？

為了回答這個問題，我得先解釋一下大氣是如何運作，以及其中含有的重要元素。我們呼吸的氧氣存在於叫做對流層的大氣層，也就是地球大氣中的第一層。對流層中含量最高的是氮，接下來依序是氧、氬、二氧化碳和水——在這本書第一部提到的所有氣體。

平流層比對流層高一點，剛好漂浮在雲層之上。其實飛機都是在平流層飛行，才能避開較低對流層中的分子引起的亂流。在距離地球這麼遠的高度中，分子的數量比較少，因此飛機不需要（那麼）擔心空氣壓力改變導致亂流。

不過，在平流層中比較低的部分有臭氧層，是大氣中極為重要的一層。你可能已經知道，臭氧層是一層非常薄的防護罩，基本上像是地球的太陽眼鏡，這都要感謝兩種分子：氧（O_2）和臭氧（O_3）。也許我們看不到，但這些氣體、光子和能量全都在平流層不斷地與彼此產生作用！

當紫外線陽光碰到臭氧層，可能會發生幾種不同的狀況，取決於隨之而來的輻射能量。舉例來說，當高能量 UVC 接觸臭氧層，可能會破壞氧分子（O=O）中的雙鍵，

前提是波長短於 242 奈米，而任何波長大於這個數字的輻射都無法破壞雙鍵。如果隨之而來的紫外線輻射波長短於 320 奈米，則可以破壞臭氧分子而不是氧分子中的共價鍵。

那麼，對躺在海灘上的人來說，這究竟代表什麼意思呢？這一層厚重的氧和臭氧在共同作用之下，可以保護地球不受 UVB 和 UVC 輻射的傷害。然而，就在這些分子犧牲自己的鍵來防止高能量的光穿透地球的大氣，能量較低的 UVA 輻射會偷偷潛入。

但怎麼會這樣呢？理論上，UVA 的能量比較弱，臭氧和氧難道不是可以更輕易地幫我們抵禦這種危險的紫外線能量嗎？很可惜，答案是否定的。

這些分子保護我們的唯一方法就是讓紫外線破壞分子中的共價鍵，但問題是，氧需要波長小於 242 奈米的輻射，而臭氧需要波長小於 320 奈米的輻射，任何大於 320 奈米的輻射能量都太弱，無法破壞這些自我犧牲的分子中的鍵。因此，UVA（波長範圍是 315 ～ 400 奈米）會穿過這些分子，照射到我們這些去海邊的人身上。

儘管 UVA 是三種紫外線之中最弱（波長最長）的一種，卻也是對人類造成最多傷害的射線。話雖如此，要是我們真的接觸到 UVB 和 UVC，殺傷力絕對會更大，這些紫外線會穿透我們的身體，破壞其中的鍵並造成分子浩劫。我們

只是剛好有兩種像超級英雄的分子，可以避免這種情況發生。

如果你想要避免受到 UVA 輻射的傷害，只要每天擦防曬乳就行了。很簡單，對吧？

畢竟說得比做得容易，我強烈建議購買已經含有防曬成分的化妝品。這樣一來，如果你需要外出幾分鐘，或是不得不和鄰居聊個兩句，你的皮膚都會自動受到保護。不過，如果你一整天都會待在海邊，就必須從頭到腳都塗滿任何一種寬譜防曬乳（也就是可以抵禦各種「光譜範圍」的紫外線）。

美國常見的防曬乳分為兩種類型：第一種是物理性防曬，這種防曬用品會停留在你的皮膚表層。物理性防曬最常見的成分是氧化鋅，呈現厚重的白色霜狀，這也就是為什麼 1980 年代每個救生員的鼻子都看起來白白的。說到這裡，我爸是整座城裡唯一會規定小孩要擦這種防曬乳的家長——當時我只覺得有夠尷尬。

第二種防曬乳比較常見，而且是透過化學過程發揮作用，防曬乳的分子像氧和臭氧一樣，具有吸收紫外線輻射的功能。其中的某些分子吸收範圍有限，像是阿伏苯宗，所以這種防曬乳通常含有不只一種有效成分。阿伏苯宗抗 UVA 輻射的效果最好，但對 UVB 就沒那麼有效；另一方面，甲

氧基肉桂酸辛酯則可以吸收任何沒有被臭氧層中的臭氧分子攔截下來的 UVB。

以我個人來說，由於我住在非常溫暖的地方，夏季氣溫會超過 100°F，所以我的壁櫥一定會備有防曬係數（SPF）30 的防曬乳。這個 SPF 數值指的是防曬乳會阻擋所有與我的皮膚產生作用的有害紫外線輻射，除了其中的 1/30。SPF 10 可以阻擋除了 1/10 以外的所有輻射，而 SPF 50 則是可以抵禦 1/50 以外的所有輻射。

話雖如此，只有當你記得每兩小時重新塗抹防曬乳，才能達到 SPF 數值所代表的效果。否則，過了三到四小時之後，你的皮膚就會因為各種原因而完全暴露在太陽下。防曬乳除了有可能會在水中脫落，最後所有的感光性分子都會因為吸收了強大的紫外線能量而分解。

有一些論點指出防曬乳／防曬產品不可能真的具有超過 SPF 50 的防曬能力，大部分的化學家都認為在這麼多變因的影響下，我們不太可能完全達到 SPF 所代表的效果，尤其是防曬乳的有效性其實大多取決於使用者有多用心以及多頻繁塗抹這種厚重的乳霜狀用品。以我個人來說，我還沒有看到足夠的證據顯示防曬乳真的可以防堵這麼多紫外線，因此我還是堅持使用 SPF 30 的防曬乳。

就像任何人工製造的化學發明，特定類型的防曬乳可能

會有副作用。舉例來說，雖然甲氧基肉桂酸辛酯是很棒的分子，可以保護皮膚不受 UVB 輻射的傷害，卻對珊瑚礁非常有害。不幸的是，大多數人都會在去海灘前擦上防曬乳，然後直接下水。正因如此，部分地區（例如夏威夷）已經禁止使用含有任何甲氧基肉桂酸辛酯的防曬乳（這項禁令從 2021 年開始生效）。

　　但不論你人在德州或阿拉斯加，大部分的人都應該要每天擦防曬乳──或是學著怎麼在每次出門前查看紫外線指數。

　　紫外線指數其實很迷人，我們對預測的執著強烈到科學家在大氣中設有儀器，可以檢測太陽的波長有哪些組成。根據蒐集到的資料，科學家會用數值來表示當天紫外線輻射的預估危險程度。紫外線指數的量表是從 1 到 11（或是更大的數字），其中 0 代表低輻射，超過 10 則代表有極高的輻射量。每當你看到紫外線指數是 3 或以上，科學家會建議你擦上至少有 SPF 30 的防曬乳。

　　最後一個提醒事項：當你在容易反射的環境中，例如水域、雪地或沙地，紫外線指數可能會高達兩倍。這就是為什麼大家喜歡去海邊而不是自家後院曬日光浴，這也是為什麼靠近水邊時你曬傷的速度會快上許多。在山中滑雪也是相同的道理，雖然你只會露出一小部分的臉。

　　沒想到吧：成功的海灘之旅不僅需要幾十種人工聚合物的輔助——主要是彈性纖維、有絕緣性質的聚乙烯和聚苯乙烯——還需要在身上塗抹化學溶液來防止電磁輻射的波動破壞我們體內的分子。日光浴愛好者狂喜！

9

派，可不是開玩笑的
下廚時間

—

我進廚房的原因只有一個：烘焙。

我喜歡烘焙可以慢慢來，而且有條有理。烘焙很精準，而且最重要的是，也很化學。想想看就知道了——烘焙的時候，你需要確實測量每一種食材，就像我們在實驗室裡處理各種物質一樣。接著，當你把所有食材混合在一起，必須要超級小心；要避免過度打發或攪拌不足。就像在處理反應中的化學物質時，要避免施加太多熱能或壓力。

類似的比喻列都列不完，而在這一章，我會分析在廚房中發生的化學反應。不論是烤派或是煮一頓五道料理的大餐，化學都在其中。

我的烘焙技術是跟我媽學的，她做的派無敵好吃。因為我媽實在太擅長做派，我以前每年過生日都會拜託她烤大黃派，而不是做生日蛋糕。在我媽的廚房裡，我學到了烘焙最重要的守則之一：精準。

　　我手邊的烘焙食譜書多到數不清，而且我和媽媽一樣，專長是烤派，所以有好幾本專門寫派皮的書。我個人最愛的一本絕對是蘿絲・利維・貝蘭鮑姆（Rose Levy Beranbaum）的《派與糕餅聖經》（*The Pie and Pastry Bible*，暫譯）。我喜歡她要求精準的態度，而且只要你確實照著她書中任何一份食譜的指示，就可以做出人生中最美味的派。但是，如果你很隨便，只要改了一個地方——例如把她的新鮮藍莓派裡的藍莓換成覆盆子——最後就只能烤出塌陷溼軟的失敗品。烘焙的容錯範圍非常小，就像在化學實驗室裡一樣。

　　我媽的看法是，如果你很不擅長烘焙，唯一的原因就是你在量測的時候很隨便。而提升烘焙技術最簡單的方法，就是投資一台料理秤，這樣一來你就可以使用質量（公克）而不是容量（杯、湯匙）。料理秤不僅可以加速廚房的準備和清潔工作，更可以讓烘焙步驟更準確和一致。舉例來說，我想使用的派配方需要 1⅓ 杯＋4 茶匙的低筋麵粉——這種測量方式真的是超級惱人。如果是同等質量的低筋麵粉呢？184 公克。簡單易懂。使用秤的時候，你不可能會舀得太大匙或裝不滿一杯。184 公克就是 184 公克，不論怎麼盛裝都一樣。

　　現在我不會再買只用容量來標示份量的食譜書了，這種食譜對我來說就是不夠準確。如果你決定要好好審視自己手

邊食譜書的配方，也別忘了確認其中是不是有要求使用正確的麵粉來製作各類烘焙食品，例如用低筋麵粉做糕點，以及用高筋麵粉做麵包。我知道這好像有點極端，但麵粉是烘焙中最重要的食材，而且每一種麵粉之間其實有很明顯的差異，我們稍後會再討論這個主題。

在開始寫作這一章之前，我檢查了食品儲藏室，看看我的庫存有那些種類的麵粉，結果看來我常備的麵粉有六個不同的種類：中筋麵粉、低筋麵粉、高筋麵粉、蛋糕麵粉、全麥麵粉和無麩質麵粉。每一種都封裝在密閉容器中，並且貼有正確的標籤——這算是化學家的職業病吧。

一般來說，烘焙愛好者對於自己使用的麵粉都會超級挑剔。有一則流傳的故事是這樣的：知名的英國烘焙師要入境美國的時候被美國運輸安全管理局（TSA）擋下，因為她的託運行李箱裡有大量無標示的白色粉末。她在活動場合要做出一款特殊的甜點，而且她不想冒任何風險用到不對的麵粉。不幸的是，TSA 不相信她只是要把麵粉帶進國內，而不是要走私嚴格管制的違禁品……這就是為什麼我在旅行的時候一定會確實標示我的麵粉！

那麼，烘焙愛好者到底為何對麵粉這麼斤斤計較？為什麼堅持要把中筋麵粉用在某些配方和糕點，做其他甜點的時候又要用蛋糕麵粉？

蛋白質。重點就是蛋白質。

有些麵粉（例如未漂白的中筋麵粉）是以含有大量蛋白質的硬質小麥製成，而其他麵粉（例如低筋麵粉）則是以含有較少蛋白質的軟質小麥製成。事實上，麵粉中大部分的分子都是蛋白質。

蛋白質其實無所不在——不只在食物中，也存在於我們的頭髮和皮膚。如果你還記得之前對早餐的分析，蛋白質是一種多肽，簡單來說就是由兩個以上胺基酸組成的分子。

每一種麵粉都含有兩類蛋白質：麥穀蛋白和麥膠蛋白。當麥穀蛋白和麥膠蛋白在液體中混合，就會形成麩質。沒錯，就是那個麩質。

有趣的是，患有乳糜瀉的人之所以必須避開麩質，是因為他們不耐麥膠蛋白（而不是麩質）。從飲食的角度來說，直接避開所有麩質會比避開麥膠蛋白簡單得多，這就是為什麼有些人的飲食是「無麩質」。

雖然對那些無麩質飲食者來說很可惜，但麩質是烘焙愛好最好的朋友（通常還要加上酵母）。這種美麗的肽會延展，然後去抓取與酵母產生化學反應所釋放出來的二氧化碳泡泡，因此麵團會變得又大又膨。麩質最厲害的一點是，到最後會停止延展然後固定。烘焙的時候一定要等到麵團變成兩倍大的原因就在這裡——因為所有的二氧化碳都釋放出來

之後，麵團最大會膨脹到這個程度。

產生的麩質百分比取決於用來製作麵粉的小麥種類：硬質小麥（名稱由來是這種小麥粒比軟質小麥粒更長也更硬）可以產出最多麩質，因此最適合用在需要酵母的配方中。杜蘭小麥（durum）是最堅硬的小麥之一，特色是強韌有彈性，所以具有延展性又厚重，是最適合用來製作新鮮義大利麵或披薩麵團的麵粉。這也是為什麼硬質小麥麵粉也會用在製作麵包布丁或其他裹滿佐料麵包（例如猴子麵包）。

相對地，軟質小麥粒比較短，也沒那麼堅硬，因為其中充滿了碳水化合物。用這種麥粒製成的麵粉蛋白質含量較低，無法產生那麼多麩質，所以沒那麼有延展性或彈性。軟質小麥粒主要分成兩類：白色和紅色。軟白麥適合做成低筋麵粉，而軟紅麥則比較適合做成蛋糕麵粉。也因為如此，我通常會用軟白麥——低筋麵粉——來製作派皮。

低筋麵粉和蛋糕麵粉之間的其中一個主要差異是，蛋糕麵粉通常經過漂白——或是經過化學處理來讓吸收脂肪和糖變得更容易。我個人偏好未漂白的麵粉，所以通常所有的麵粉都是買 King Arthur 這個品牌。只有在做派皮的時候，我才會用 Bob's Red Mill 的未漂白精製白色低筋麵粉。

除了選錯麵粉之外，另一個烘焙新手常犯的錯誤就是把小蘇打粉當成食譜裡的泡打粉用。

碳酸氫鈉（$NaHCO_3$）俗稱小蘇打粉，是一種常用於烘焙的分子。（我會在下一章詳談小蘇打粉。暴雷預警：小蘇打粉也可以用來清理廚房喔！）

漂白，還是不漂白

烘焙同好最常問我的問題就是：「什麼是漂白麵粉？」有危險性嗎？麵粉裡真的有殘留化學物質嗎？還是這一切都是行銷技倆呢？

好的，漂白麵粉最早可以追溯到 1700 年代，以前的技術很難將麩皮（小麥粒顏色較深的外層）和胚芽（小麥粒中白色的胚）從麵粉本身分離出來。因此，磨坊篩選出純白麵粉（也就是純胚芽麵粉）之後，都會保留給上層階級的客戶。長時間下來，使用白色麵粉變成有錢人的象徵，這種商品也更加搶手。於是奸商開始把噁心的東西添加到不純的麵粉裡，像是白堊岩和骨頭，讓商品看起來像是白色麵粉，這個過程就叫做「增白」或「漂白」。早在 1750 年代，英國國會就想要通過禁止所有麵粉添加物的法令，但沒有任何執法單位可以落實這項規定。

這種加工法到現代還存在，不過現在只會使用非常專門的化學方法。最常見的麵粉漂白劑是過氧化苯，可以讓麵粉變白，但不影響麵粉的化學完整性。有時也會採用無害的氯氣，但這種成分會留下非常明顯的味道。

不過最瘋狂的部分在這裡：麵粉經過加工後會在二到四週後自然變白，視一年當中的時節而有所不同（夏季需要兩週，冬季則需要四週）。這種麵粉經過靜置期後會更有彈性，因此可以做出品質更好的麵團。然而大多數的麵粉廠商都沒有耐心等這麼久，所以偏好使用化學處理法。

對我來說，選擇不需要猶豫。可以的話，買未漂白麵粉就對了。

　　和小蘇打粉一樣，泡打粉也含有碳酸氫鈉，以及非常重要的酸式鹽，像是酒石酸。泡打粉是一種化學膨鬆劑，也就是可以讓烘焙食品整體體積增加的分子。製作派皮的時候，泡打粉中的酸會與碳酸氫鈉（泡打粉也含有這個成分）產生反應，並形成二氧化碳氣體。產生的氣體有助於讓麵團變得輕盈蓬鬆，這對於做派來說相當重要。

　　泡打粉含有兩種不同的酸：在調理盆中，速效酸會和碳酸氫鈉產生反應，並立即開始形成二氧化碳氣泡。最常見的兩種速效酸是磷酸二氫鈣以及塔塔粉（cream of tartar）。另一方面，緩效酸需要來自烤箱的熱能——也就是高溫——才能形成二氧化碳氣體。像酸性焦磷酸鈉及硫酸鋁鈉等分子，在烤箱溫度升到夠高時，都會和碳酸氫鈉產生反應。

如果要做派皮，我偏好買雙效泡打粉，也就是含有一種速效酸式鹽和一種緩效酸式鹽的產品。我最喜歡的泡打粉品牌是 Clabber Girl，因為其中有碳酸氫鈉（基底）、磷酸二氫鈣（速效酸）和硫酸鋁鈉（緩效酸），而且也含有高比例的玉米澱粉，可以確保粉末保持乾燥——換句話說，除非在你需要的時候，否則酸和基底不會產生反應。

派皮中的另一種常見食材是奶油，從化學的角度看來，奶油是**脂質**。這個詞泛指很多種非極性分子，不過在廚房裡，大多數的脂類都屬於三酸甘油酯這個子類別。三酸甘油酯是固態時，會被稱為**脂肪**；如果是液態，則會稱為**油**。例如，奶油被視為脂肪而不是油，因為在室溫是固體；橄欖油被視為油，因為在室溫下是液體。

如果三酸甘油酯中的兩個碳原子之間至少有一個雙鍵，就叫做不飽和脂肪。而如果分子中只有單鍵，則叫做飽和脂肪。

椰子油和奶油是兩種常見的飽和（只有單鍵）三酸甘油酯，這兩種脂肪在室溫下都是固體，不過經過一段時間後容易變軟。橄欖油和芥花油主要都是由單元不飽和油組成（單元指的是一個雙鍵），但橄欖油是兩者中比較健康的選擇。事實上，相較於其他傳統油類，橄欖油的單元不飽和油含量高出許多。

　　如果是做派皮，比起任何其他脂質，我還是偏好使用傳統的奶油。不過如果是烹飪，我和先生習慣輪流使用橄欖油、酪梨油和芥花油——我們這麼做可是有很明確的理由。芥花油是對人體相當有益的油，因為其中含高比例的亞油酸，而人體無法從其他食物自然合成這種分子。（有趣小知識：亞油酸和 α- 亞麻酸是人體唯二不可或缺的脂肪酸。你可能已經對 α- 亞麻酸很熟悉了，俗稱為 omega-3 脂肪酸，可以從核桃和大豆油攝取。）

　　可惜的是，使用這些比較健康的油有個壞處。像橄欖油這種不飽和油的雙鍵可能會和空氣中的氧產生反應，並釋放出臭味。如果你無意間聞到某一罐油的氣味，讓你覺得油「壞掉了」，很有可能只是油氧化之後失去雙鍵。這就是為什麼不該大量購買油，除非你經常需要煮多人份的餐點。

　　雙鍵的存在（或不存在）有助於我們預測三酸甘油酯的融點，也就是分子開始從固體轉化為液體的溫度。

　　一般而言，沒有雙鍵的分子融點會高於有雙鍵的分子。通常三酸甘油酯有越多雙鍵，融點就越低。這就是為什麼大部分的飽和三酸甘油酯是固體（脂肪），而不飽和三酸甘油酯則多半是液體（油）。

　　烘焙時需要瞭解這一點是因為這會影響派皮成品的密度和層次，用奶油（脂肪）可以做出最蓬鬆的派，而且我也認

為用奶油才能做出最美味的派皮。然而,加入奶油的麵團很不穩定,你必須讓麵團保持在冰涼狀態,才有辦法做出無敵派皮。又溫又軟的奶油會使得麵團變黏,不僅很難用手處理,甚至不太可能桿平——全都是因為麵團和桿麵棍之間形成了大量的分子間作用力。

有些烘焙愛好者偏好使用植物性酥油,因為這種成分在稍高的溫度下不太容易形成分子間作用力,但我覺得味道就是有點不一樣。比起加入奶油的派皮,這種派皮通常密度會稍微高一點,而且多半有種油膩的口感。這是因為酥油是 100% 的脂肪,而奶油是脂肪(80%)、水(18%)和牛奶(2%)的混合物。

另外還有一些人喜歡自找麻煩,選擇用油來製作派皮。如果你就是這種人,請不要再這麼做了。最後做出來的麵團一定會又乾又碎,我每次這麼做麵團都會四分五裂。況且,以油為主的派皮超級難桿平,就算有最頂尖的技術和器材也不例外。

同位素

剛才我已經提點很多關於廚房用油的建議事項(還有禁止事項),不過我還想請你特別注意一點:油/脂肪不溶於水,所以千萬不要用水撲滅油脂火。

油脂火的成因是油裡的雜質起火，如果你一再重複使用相同的油，或者正在調理超級大量的油炸食物，就有可能發生這樣的狀況。

解決方法是立刻悶熄火，拿起平底鍋的蓋子（或附近的烘焙紙）蓋住火，就可以阻絕大部分的氧氣。如果火勢相對較小，可以往火源丟一大把粉末，像是小蘇打粉或鹽。不過在我家，我一定會直接用超大張的烘焙紙。

千萬、千萬不可以做的事，就是往火源倒水。為什麼？因為水是極性，而油是非極性，這表示兩種液體不會混在一起。事實上，密度高出許多的水會沉到油層的下方，並且和高溫的鍋子產生作用。這會引發很嚴重的問題，因為水沸騰的溫度比大多數的油低很多，水會立刻汽化，從液態變為氣態。發生這種狀況時，新形成的氣體粒子會試圖從鍋中竄出來──而且速度很快。一旦氣體離開鍋內，就會把上方的油層推出鍋子，導致熊熊燃燒的油四處噴濺。

防止油脂火產生最好的方法就是頻繁更換炸油，並且保持料理空間的清潔。這樣一來，如果有任何油從鍋裡噴出，只要用舊抹布快速擦乾淨就行了！

任何美味的派所需要的最後一種食材是糖——我指的是那種顆粒狀的糖，而不是莓果和水果裡的天然甜味成分。糖屬於碳水化合物（carbohydrate），因為每一種糖都含有碳（carb-）、氧（-o-）和水（-hydrates）。簡單明瞭，對吧？有「水」這個詞並不是代表所謂的碳水化合物裡真的有水分子，而是意味著這種分子會一直維持 2:1 的氫氧比例——就像水一樣。

我們每天都會接觸到的碳水化合物有兩大類：單一與複合式。讓我們先從單一碳水化合物或簡單醣類談起，這些分子叫做單醣，是碳水化合物可以存在的最小型態。

常見的兩種單醣是葡萄糖和果糖，兩種單醣的分子式都是（$C_6H_{12}O_6$），但有不同的結構——是不是很酷？當這種狀況發生在化學中，我們會吧這兩種分子稱為同分異構物，代表兩種物質雖然有數量（和種類）完全相同的原子，但結合的方式卻不一樣。例如，葡萄糖有一個六員環，而果糖有一個五員環。

如果你還記得初級生物課學過的光合作用，應該會知道當植物用來自太陽的能量將水和二氧化碳轉化成氧，同時也會產出葡萄糖。這就是為什麼地球上數量最多的單醣是葡萄糖的原因之一，玉米、葡萄、甚至人的血糖裡都有葡萄糖。

另一方面，果糖則是出現在水果糖類裡的單醣，在甘

蔗、甜菜、蜂蜜、當然還有水果裡，都可以找到果糖。

　　大多數人用來製作派的內餡 —— 還有加在咖啡和茶裡 —— 的是一種叫做蔗糖（$C_{12}H_{22}O_{11}$）或砂糖的雙醣。蔗糖的甜度比不上果糖（水果），但絕對比葡萄糖（常見於大多數的蔬菜）還要甜。蔗糖的奇妙之處在於，這種糖其實是一個葡萄糖分子和一個果糖分子合在一起之後的產物，叫做雙醣的原因就在這裡 —— 和字面上的意思一樣是**兩種糖**。（如果你在想單醣是不是代表只有一種糖，你猜得沒錯。）

　　果糖、葡萄糖和蔗糖都屬於簡單醣類，這些分子可以透過凝結反應連結在一起，並形成多醣或者長鏈單醣。我們通常會把多醣稱為澱粉，含有澱粉的常見食物包括馬鈴薯、豆子和米飯 —— 都是我們不太會加在派裡的食材。

　　糖也會對熱能產生反應，例如我把派放入烤箱的時候。這種過程叫做焦糖化，通常會伴隨著顏色變化和各式各樣超乎想像的氣味。仔細觀察製作焦糖的過程：白色的固體漸漸轉變為濃稠的黃色液體，最後變成深棕色的物質，而當所有散發香氣的化合物被釋放到空氣中，最後的棕色液體會硬化並形成焦糖。

　　不過，其實真正的狀況是一開始的白色固體（純糖）正在分解。當蔗糖和熱能產生作用，其中的鍵會斷開並形成葡萄糖和果糖，也就是我們看到的黃色液體。從微觀層次來

說，單醣組成的多醣鏈立刻分解成數百個分子——有些帶甜味、有些帶苦味、有些非常好聞——這就是為什麼我們通常可以在派快可以出烤箱的時候聞到氣味。

在這同時，我把派放入烤箱之後，先前提過的蛋白質分子（例如低筋麵粉裡的分子）也會接觸到熱能。這會觸發被稱為「變性」的過程，也就是烤箱的熱能會開始破壞麵粉中蛋白質分子的鍵。

如果要用簡單的畫面來呈現以上的過程，你可以想像一下有顆溫熱黏稠的肉桂捲一圈緊貼一圈的樣子。烤箱開始加熱之後，肉桂捲開始振動，來自熱度的多餘能量破壞了讓肉桂捲形成螺旋狀的分子間作用力，於是整個捲都散開了，就像把肉桂捲攤開變成一長條美味的麵團。分子層次的變化就是這種狀況，而且整個派都是此。在變性過程中，本來是立體的蛋白質會變成完全扁平、只有平面的蛋白質（我們早上做歐姆蛋時雞蛋也是這樣）。變性過程很重要，因為分子中的所有原子會因此暴露在外。

你小時候吃肉桂捲的時候，會先把整個捲都拉直再吃嗎？如果你和我一樣喜歡玩食物，應該會看到烘焙師在把麵團捲起來之前，先灑上了肉桂粉和奶油（或是糖霜，我的最愛）。派麵粉裡的分子在變性過程結束後看起來就像這樣，在原子層次才看得到的一長條一長條可口產物。

　　蛋白質完全變性之後，烘焙的下一步是叫做凝固（coagulation）的過程。基本上，看起來像（攤平的）肉桂捲的蛋白質會開始相互碰撞。請回想一下烤箱的熱能會使分子振動，所以這種狀態的分子其實很容易相互碰撞，就像園遊會裡的碰碰車一樣。

　　碰撞會促使氫鍵和離子作用形成，接著相連的原子會組成長鏈，而且每個大蛋白質之間都有空的口袋。我覺得這個過程最精彩的部分就是，任何存在於派裡的水分子，都會跳進這些口袋。這種水／蛋白質一鏈結合在宏觀層次就是我們看到的「烤好的派」，並帶有厚實酥脆的口感，也就是大多數人所認知的派皮。

　　身為進行烘焙的人，我們並不知道這些分子作用究竟是什麼時候發生的。由於這些變化都是發生在微觀層次，就算一直看著烤箱內部，也無法描述究竟發生了什麼事。食譜書也從來沒有提過變性和凝固過程，只有寫把烤箱加熱到350°F（約177°C）然後烤五十分鐘。這就是為什麼烘焙有時候讓人很挫折，因為一不小心就會沒烤熟或烤太熟。

　　例如，你有沒有做過（或吃過！）吃起來密實又乾燥但底部卻很濕軟的蛋糕？或者看到你最喜歡的《英國烘焙大賽》（*The Great British Baking Show*）參賽者烤出這種成品之後驚嚇不已？底部濕軟的原因是沒有即時從烤箱把派拿出

來，而不是因為拿出來後放在平底鍋太久。

　　之所以會底部濕軟，是因為派裡的蛋白質變性之後，形成那些很酷的口袋，讓多出來的水可以跳進去，而且蛋白質本身也完成了凝固的過程。不過如果烤派的人因為分心或忘記計時，派在烤箱裡多留了幾分鐘或甚至幾秒，就會導致過多的分子間作用力形成。當甜點接收了過多的熱能，蛋白質之間的距離會縮短，於是蛋白質基本上會把水擠出口袋。

　　水離開甜點之後，可能會發生兩種狀況。第一種相當顯而易見；水會汽化並跑到空氣中，讓甜點變得很乾──或者再糟一點就是甜點烤焦了。第二種狀況比較出乎意料，而且讓很多烘焙愛好者都倍感挫折，我也不例外。

　　由於水是密度相對較高的分子，可能會沉到平底鍋底部，並且和鍋底的其他水分子形成氫鍵，而不是留在那些很酷的小口袋裡。如果有夠多的分子沉到甜點底部，最下層可能就會呈現糊狀，然後讓《英國烘焙大賽》的評審之一保羅・好萊塢（Paul Hollywood）露出戲謔的笑容。

　　值得一提的是，有時候底部溼軟和分子間作用力完全無關。事實上，烘焙的人可能替換了某種看似無傷大雅的食材，卻導致整個配方的水過多。舉例來說，如果食譜需要四杯覆盆子，你最好不要改用四杯黑莓，就算你比較喜歡後者的味道。原因在於：覆盆子原本的水含量比黑莓低，所以用

新鮮多汁的黑莓取代沒那麼富含水分的覆盆子，通常會導致整個派變得鬆垮溼黏，無法烤出外型完好的派。

新鮮莓果與冷凍莓果

你有沒有想過，為什麼有些食譜會特別要求使用冷凍水果，有些則會要求使用新鮮食材呢？這是因為冷凍庫裡的藍莓和冰箱裡藍莓之間有個明顯的差異：位於水分子之間的氫鍵長度，液態中的氫鍵所需要的空間比固態中的氫鍵小。水在這方面可以說是比較反常──固體中的分子距離較大，因此固態冰可以漂浮在液態水上。這和大多數的固體／液體完全相反，大部分的固態物質都會沉入相同物質的液體。

這意味著水凝固之後，體積會變大（大部分的固體會縮小）。這就是為什麼千萬不可以把香檳長時間放在冷凍庫，水一旦凝固就會膨脹，並且把軟木塞推出瓶口，最後在冷凍庫裡大爆炸。就算化學是我的專業，我也是因為啤酒瓶發生相同的慘況才學到教訓，真是令人尷尬的失誤。

不過現在，讓我們來思考一下這個科學原理會對新鮮及冷凍莓果的味道造成什麼影響。新鮮藍莓有標準的水含量（大約 85% 的水），所以口感會呈現完美的多汁：清脆比例。另一方面，冷凍水果卻不是這麼一回事。藍莓放入冷凍庫之後，內部的水會凝固，而新形成的冰則開始推擠細胞膜邊緣，有時候會導致細胞受

損，甚至整個裂開。

從冷凍庫取出莓果之後，冰開始融化，留下殘缺的細胞膜。這種變化會影響莓果含水的能力，最後影響到派的整體水含量（以及味道）。換句話說，如果派的配方要求使用冷凍莓果，就一定要用冷凍莓果，才能避免做出底部溼軟的派。

完全依照食譜操作的話，烤得完美的派可以讓你的廚房聞起來像天堂。我們聞到的這些分子叫做芳香族化合物，而當我們把派拿出烤箱，會釋放出超級大量的這類化合物。

在多數情況下，食物的氣味和食物的味道有直接的關聯性。「好聞」的食物多半都真的很好吃，甚至可以勾起回憶。每次我聞到烤箱傳出用我媽的食譜烤出來的派，心中都會湧出一陣懷舊的情感。那股熟悉的香氣會勾起我們的回憶，也會影響我們對食物味道的觀感。

嗅覺是我們在廚房裡的第一道防線，主要功能是防止我們接觸到可能會致命的東西，例如細菌。有極小比例的人缺乏嗅覺，他們不僅無法擁有品嚐食物的完整體驗，也不具有可以防止我們吃下腐壞或變質食物的人類直覺。我真的認識一位沒有嗅覺的人，有一次他媽媽去看他，結果一踏進他的

公寓就差點吐出來。原來是有壞掉的雞肉埋藏在冰箱的某個角落，但是他聞不到。

　　至於對其他人來說，如果餐點聞起來和吃起來都很美味，兩種感官會結合在一起，形成所謂的風味。餐點的風味會讓人有所反應——而且每個人都有自己最喜歡的風味組合。話雖如此，全世界的每一種風味，從 Kraft 起司通心粉，到頂級餐廳的菜單，都是由四個分子組成：水、脂肪／油、蛋白質和碳水化合物。

　　人類的大腦非常擅長解析這些味道在微觀層次上的差異；事實上，大腦甚至可以分辨出我們是在攝取單醣還是多醣（也就是糖還是澱粉）。這是因為我們的味蕾會辨識各式各樣的分子，然後傳送訊息給大腦。例如，當味蕾辨識出氫離子（H^+），我們會覺得食物有酸味；另一方面，鹼金屬則會讓食物帶有鹹味。

　　就烘焙層面來說，這一點之所以很重要，是因為我們的大腦可以辨別單醣——水果混合物中的糖——和多醣——低筋麵粉中的澱粉——之間的差異。我敢說，派是最讚甜點的原因，正是甜（單醣）和鹹香（多醣）混合。（我也許有點偏頗——我有說過我媽會做無敵好吃的派嗎？）

　　我們的味蕾可以辨識各種分子，是因為大腦會監測特定離子在所謂的離子通道中的濃度，以剛才的例子來說就是

Na⁺ 和 H⁺。這些離子通道位於人體器官中的細胞,並提供特別的途徑讓離子可以在人體內移動,就像道路可以讓汽車從一個地方移動到另一地。

當我們咬下含有大量鹽的食物,大腦會察覺到在舌頭上的離子通道移動的鈉離子數量增加。而當水合氫離子的濃度上升,大腦則會馬上知道我們正在吃有酸味的東西。

而且,這一切都是瞬間發生。我們的大腦真的很強大。

從分子的層次來說,鹹／酸和甜／鹹香之間有個非常明顯的差異——分子之間的鍵。有鹹味和酸味的食物利用的是離子鍵,有甜味和鹹香的食物則是利用共價鍵。這就是為什麼我們可以忍受非常甜的食物,卻無法接受超級酸的食物。舉例來說,吃藍莓派的時候,我們的味蕾會立刻辨識出甜味,但由於我們在吃甜食,離子通道並沒有派上用場。

基於相同的道理,苦味的程度會維持不變,因為濃度不影響整體的味道。不論你是喝一滴或一杯,味道都是一樣苦。

由於甜、鹹香和苦味不需要經過人體內的離子通道就能抵達大腦,這三種味道通常會被歸為同一類。這些味道源於特定的共價分子和味蕾細胞膜中的受器所產生的化學反應。這種反應發生的瞬間,我們的大腦就會察覺到甜、鹹香或者苦的味道。再次強調,這整個過程花不到一秒鐘。

　　既然談到了這個話題，我想要快速釐清一個常見的誤會。人的整個舌頭可以相對平均地嚐到總共五種味道，也就是說味蕾並沒有分區！舌頭的每一吋都可以分辨出你的派有多甜。

　　總而言之，食物有五種主要的味道：甜、鹹、酸、鮮和苦。（鮮〔umami〕這個詞源自日語，字面上的意思就是美味，不過大多數人會用鹹香〔savory〕來表達這個概念。）烘焙高手會利用這五種味道來組合出無限多種美妙的風味。

　　看看經典的大黃派就知道了，內餡有 4 杯大黃（酸味）、2/3 杯糖（甜味）和一小撮鹽。再加上一點檸檬汁（更多酸味），就可以呈現出完美平衡的鹹－甜－酸可口風味。

　　不過我覺得特別有趣的地方在於，從化學的角度而言，每個人對相同的分子組合都有各自的解讀。有些人討厭大黃派，我卻完全吃不膩，為什麼呢？

　　風味喜好完全取決於愉悅的心理狀態，這可以解釋為什麼人有最喜歡的食物，還有最喜歡的顏色、電影、歌曲等等。雖然大腦中的化學極為複雜，但一般來說，心理學家多半都認同一個理論：人之所以有最喜歡的東西，是源於他們首次接觸到這個東西時的正面經驗……而且他們的大腦會因此對不同的化學受器產生反應。

　　以食物來說，大多數人最愛的食物都是在年紀非常小的

時候就固定下來。我這麼愛大黃派，很有可能是因為這是我人生中第一次吃到的派。那種甜—酸—鹹合而為一的風味，震撼了我幼小的心靈，後來我再也沒吃過任何勝過那次體驗的派。

不過這套通用的理論有個例外：其實你可以訓練舌頭辨識出更多風味。就像你可以為了準備馬拉松或足球比賽而鍛鍊肌肉，只要努力、認真和大量接觸，你就可以學會辨識食物中的不同分子。成功之後，這些人通常會發現一些自己開始喜歡上的新食物，這都是因為他們的味覺變得更加敏銳——簡單來說，他們可以辨識出的風味種類變多了。

有些人的味覺非常敏銳；舉例來說，我有遇過一些烘焙師可以立刻辨認出燕麥餅乾裡的一絲肉豆蔻味，或是有些老饕可以吃出自己最愛的泰式餐廳在某一種咖哩中加了哪一種魚露。不過大部分的人年紀越大（或是菸抽的越多），大腦就越難解讀來自舌頭的訊號。簡直就像是味蕾——或分辨離子和共價鍵分子的能力——折損或變遲鈍了，尤其是當你邁入老年。所以，趕緊趁你還年輕的時候，多出去走走嘗試新食物吧。烤個大黃派和蘋果派，看看你比較喜歡哪一種。

希望你現在已經理解甜點中的原子和分子之間到底發生了什麼事，這會讓烘焙的整個過程更有樂趣……享用的時候也會更有意思。

　　不過，剛剛在製作這些讓人驚嘆的藍莓派時，我把廚房弄得亂七八糟，衣服和頭髮沾滿了麵粉，家裡的狗還趁機舔掉在地上的甜點碎屑。既然我的派需要冷卻四個小時，我想走進洗衣間，拿起一堆舊抹布和一大把清潔用品。

　　我可有得忙了。

10
邊吹口哨邊動手
打掃家裡

——

我喜歡打掃。

好吧，其實這樣說不太對，我喜歡的是家裡很乾淨的感覺。有時後，我會在把某個東西清潔得閃亮如新之後，強迫先生起身欣賞我剛才完成的傑作。這麼多年來，他已經學會看著廁所說：「噢，太好了，非常乾淨。」然後繼續做他自己的事。

當然，有一部分的我很享受，每次用漂白水清理料理台或是用檸檬疏通排水管時，我都可以把自己的化學專業應用在家事上。

不過在我請你讀完這一整章關於消毒劑的內容之前——希望也可以順便提供你一些小技巧和秘訣——我想要先說明為什麼你應該要注意每次打掃家裡都會用到的化學物質。

首先，每一種家用清潔劑都含有一系列精心挑選的分子，結合在一起之後可以達到特定的清潔效果。製造商在馬

桶清潔劑裡加入酸類、在漂白水裡加入次氯酸鈉，以及在窗戶清潔劑裡加入氨。以上每一種分子都非常適合用來清除特定位置上的髒汙，但是卻可能對其他類型的表面造成損傷。我想你應該已經靠著直覺意識到這一點，畢竟大多數人不會沒事用浴室清潔劑拖地，或是把玻璃清潔劑 Windex 用在花岡岩檯面（這會導致上頭的保護層脫落）。

更重要的是，絕對不該把這些化學物質混合在一起，調成更「強力的」清潔劑。這簡直就像我走進實驗室，只因為想知道會發生什麼事就把隨機的分子混在一起——而且實際情況只會更糟，因為用於清潔劑的化學物質經過設計，非常容易產生反應，最好的例子就是馬桶清潔劑和漂白水。

當強酸（馬桶清潔劑）混合次氯酸鈉（漂白水），會產生化學反應並製造出一種有毒氣體叫做氯。氯氣有時又稱作貝托萊特（bertholite），曾在第一次世界大戰做為化學武器使用。雖然我從來沒有聞過，但參與一戰的士兵形容這種氣體有種特殊的鳳梨加胡椒味。氯氣會和你嘴巴、喉嚨和肺部的水產生反應，並形成鹽酸。氯氣是很恐怖的分子，千萬要避免在廚房或浴室——或任何狹小空間——意外製造出這種物質。

另外也要避免把漂白水混入任何含有氨（例如窗戶清潔劑）的清潔劑。當次氯酸鈉和氨結合在一起，會產生反應並

形成幾種不同的氯胺（NH_2Cl），都被視為對人體有害。有一些研究指出，公共用水和／或游泳池含有較高濃度氯胺的社區，和罹患膀胱癌和大腸癌有關聯性，而且這些分子經證實會引起眼睛刺痛和呼吸問題。

不過為了幫助你克制想要成為清潔用品化學家的衝動，讓我再說一個恐怖故事吧：2008 年，日本有一位女性決定把洗衣精混入另一種清潔劑，最後害死了自己，並導致整棟公寓的其他九十位居民受傷。考量到公共安全，日本媒體決定不報導那一種清潔劑的品名，我認為這是很明智的決定。

那麼，既然已經知道一次只能使用一種清潔用品，就讓我們來深入瞭解清潔油汙、黏液、汙漬和髒亂背後的厲害科學。在過程中也可以反思一下，我們是不是已經過度清潔家裡的環境。

首先讓我們從廚房開始，因為週六早上的清潔時間和每一次的比貝多夫家大掃除，都是以廚房為起點。我的第一個步驟是把前一天晚上留下來的所有餐具集中在一起，然後盡可能把洗碗機塞滿。塑膠餐具放在上層，因為洗碗機的熱度可能會導致塑膠容器變形（化學！），大湯鍋和平底鍋則放在底層。

洗碗機的科學原理相當簡單，水流入機器之後，再注入洗碗機專用洗碗精。一定要注意的是，千萬不要搞混洗碗精

和洗碗機專用洗碗精，因為這兩種洗劑是由完全不同類型的分子組成。洗碗精的組成分子對你的皮膚來說很安全，而洗碗機專用洗碗精使用的是更刺激的化學物質，你絕對、絕對不會想讓皮膚直接碰到這類分子。

洗碗機專用洗碗精裡的強力分子會溶解盤子和銀器上的油汙，接著被吸入排水管。大部分的洗碗機專用洗碗精都含有矽酸鈉、碳酸鈉和金屬氫氧化物——很多洗劑甚至會加入酶。洗碗機啟動之後，這些化學物質會與盤子上的分子產生多種不同的反應。鹼金屬鹽可以溶解盤子上的油脂，同時酶會負責處理蛋白質碎屑，而如果這些分子都無法與深鍋裡結塊的千層麵產生反應，金屬氫氧化物就派上用場了。

同時作用之下，這些化學物質可以鬆動盤子上所有的殘渣碎屑，並由高溫的化學燜煮進一步分解。在這之後，所有髒汙都會流進洗碗機排水管，最後機器再將碗盤沖洗得乾乾淨淨，你看！

我想說個很有趣又精彩的故事，是關於我在大學二年級第一次接觸到「洗碗機化學」，那時我注意到洗碗機以不太對勁的速度湧出泡泡，原來是不擅長做家事的室友在用來裝洗碗機專用洗碗精的小容器中，倒滿了洗碗精。更誇張的是，她為了確保碗盤可以洗得特別乾淨，又在每一個碗盤上多擠了一些洗碗精。

　　我沒有在開玩笑，洗碗機連續好幾天不斷湧出泡泡。最後我們終於崩潰了，只能請人來維修，結果維修人員秀出了非常厲害的科學把戲：他提著一個裝滿植物油的大容器走向洗碗機，然後倒進一整杯的油，告訴我們要讓洗碗機完整運作兩次之後就離開了。

　　效果瞬間就出來了。

　　泡泡立刻停止湧出，因為油會和洗碗精的界面活性劑產生反應。這些大型的界面活性劑分子有親水端和疏水端，原本的功能是在手洗碗盤時有助於清除汙垢。疏水端會附著在食物碎屑上，親水端則會附著在水上，所以食物殘渣會輕易地從晚餐盤子脫落（就像洗髮精裡的界面活性劑可以清除頭髮上的油脂）。

　　不過當我們的英雄維修員把油倒入洗碗機，界面活性劑的親水端會與水形成氫鍵，而界面活性劑的疏水端則會與油形成新的分散力。接著洗碗機把水排出之後，油分子也會被拉出去。

　　最一開始到底是怎麼形成泡泡的呢？當洗碗精的界面活性劑和其他界面活性劑分子（沒錯，都是來自相同的洗碗精）或其他水分子形成氫鍵，就會產生泡泡。這些作用的效果實在太強，以至於在洗碗機中形成的氣泡困在其中，而且數量非常多，於是造成了泡泡危機。不過把油倒進洗碗機之

後，界面活性劑的疏水端開始作用，最後終止了洗碗機裡的泡泡秀。

　　這就是為什麼洗碗精可以這麼有效地洗淨鍋碗瓢盆上的油脂（油）：兼具親水／疏水性質，能把食物和油脂粒子從原本（和鍋子形成）的鍵拉出來。這也是為什麼比起用洗碗水清潔鍋子，直接把洗碗精加在油膩的鍋子上會更有效。平底鍋的油會排斥水槽中的水，因此我們需要中間人——界面活性劑——來讓油脫離鍋子，再把油汙和水一起沖掉。

　　不過要特別注意的是，請避免用洗碗精清潔鑄鐵鍋。優質的鑄鐵鍋經過電燒，所以有一層薄薄的分子包覆著鍋底的每一吋。如果你用洗碗精清潔煎鍋，疏水端會與鍋子上的分子鍵結，並且導致分子脫離表面。

　　根據我的好朋友瑞秋・雷（Rachael Ray），清洗鑄鐵鍋最好的方式就是用極高溫的熱水和猶太鹽：如果你把猶太鹽抹在鍋子上，鹽晶體的邊角會和討人厭的分子產生作用，以物理的方式讓油汙脫離鑄鐵表面，同時又不會與電燒形成的分子產生反應。用熱水把煎鍋沖洗乾淨之後，再把一層薄薄的油抹在鍋底。瑞秋・雷建議接下來可以用廚房紙巾蓋在鍋子上，來避免生鏽（但我通常會跳過這個步驟；油會排斥空氣中的水，所以其實不太需要廚房紙巾）。

　　儘管洗碗精界面活性劑清潔鍋具的效果很好，卻完全

無法去除 Tupperware 塑膠容器系列上的深色汙漬。我會把這項任務交給值得信任的夥伴碳酸氫鈉（$NaHCO_3$），俗稱小蘇打粉。我不知道你家怎麼樣，但我家到處都有小蘇打粉——一盒用在貓砂盆，一盒用在我的科學實驗，還有一盒用在我的派。一個小小的分子之所以有這麼多不同的用途，就是因為碳酸氫鈉是一種鹼。

　　屬於鹼類的分子（像是小蘇打粉，或者氫氧化鈉）有黏滑的觸感，是因為鹼會和我們皮膚上的脂肪和油產生反應。就是因為你碰到了，這些分子才會滑滑的，而且還會把你手指上的油脂吸出來。很噁心，對吧？如果皮膚與分子的接觸夠多，有些鹼類真的可以形成肥皂，而且是直接在你的皮膚上形成。

　　在 1999 年，鹼類可以說是惡名昭彰，因為在當年的電影《鬥陣俱樂部》（*Fight Club*）中，布萊德·彼特〔Brad Pitt〕飾演的泰勒·德頓（Tyler Durden）把先前提到的鹼類氫氧化鈉倒在艾德華·諾頓（Edward Norton）的手上，當鹼和他的皮膚產生反應，諾頓因為痛苦而崩潰尖叫。電影的這一幕其實不太科學——手碰到氫氧化鈉並不會那麼痛苦——但分子開始因為他手上的脂肪和油而形成肥皂時，感覺會超級不舒服。如果你有使用過任何鹼性的家用清潔劑，例如小蘇打粉，就可能體驗過這樣的感覺。

　　為了解釋以上的現象，以及碳酸氫鈉是如何移除塑膠容器上的汙漬，一定要先瞭解什麼是鹼。鹼類的定義通常是加入水之後會接受質子（H^+）的分子，這裡的質子其實就是指失去一個電子的氫原子，只是像我一樣的科學家習慣用質子這個詞來代稱。以小蘇打粉為例子，碳酸氫鈉會「接受質子」，所以看起來會像這樣：

$$NaHCO_3 + H^+ \rightarrow Na^+ + CO_2 + H_2O$$

　　為了方便討論，我們只會把重點放在碳酸氫鈉接受弄髒塑膠容器的分子中的質子。這個過程會需要一點時間，所以一般而言我會建議把有汙漬的塑膠泡在小蘇打水溶液幾個小時。浸泡時間到了之後，我會再擠一點洗碗精進去，把一點界面活性劑混入水溶液。

　　小蘇打粉之所以能清除汙漬，是因為偷了幾個質子並強迫分子分解，再由洗碗精將髒汙分子帶走（這要歸功於界面活性劑分子）。有些人會在溶液裡加入冰，但是這只會降低溶於水的小蘇打粉含量，雖然有點違反直覺。

　　在微觀層次，所有鹼類都會傾向接受質子（H^+），但是從叫做酸——這種分子非常容易產生反應而且本來就有多餘的質子——的其他分子搶走質子，是最快也最簡單的方法。

醋就是典型的酸類，含有約 5% 的乙酸（CH_3COOH）。小蘇打粉和醋之間的反應很精彩——數以千計的科展火山就是由這些物質組成。

　　背後的原理是這樣的：把醋倒進小蘇打粉之後，醋裡的乙酸（CH_3COOH）會把質子（H^+）給碳酸氫鈉（$NaHCO_3$），如下所示：

$$CH_3COOH + NaHCO_3 \rightarrow CH_3COONa + CO_2 + H_2O$$

　　混合物會馬上開始冒出氣泡，這些泡泡其實只是中和反應過程中產生的二氧化碳氣體。不過在泡泡出現的同時，還有另一個反應正在發生。乙酸（CH_3COOH）把質子送出去之後，會變成乙酸鈉（CH_3COONa）。在酸鹼化學中，這兩種分子被稱為共軛酸鹼對，因為兩者的分子式只有一個質子之差。乙酸（醋）是酸類，而乙酸鈉是乙酸的共軛鹼。

　　幸運的是，乙酸鈉對我們沒什麼危害，所以醋加上小蘇打粉算是完全安全的做法。

　　想必你知道醋是另一種常見的家用清潔劑之後也不會太驚訝，在廚房裡簡直是救星般的存在，尤其是白醋。你也可以使用其他種類的醋，不過一般來說不太建議使用顏色較深的醋來清潔淺色表面，例如紅酒醋。

白醋是透明無色的液體，價格低廉又能有效去除廚房汙漬，卻不會對器材本身造成任何傷害。醋可以用在水槽、咖啡壺和色澤混濁的葡萄酒杯，有些人甚至會用醋來清潔垃圾桶。

乙酸把質子送給廚房裡的汙垢之後，例如水槽，鹼性分子基本上會從水槽脫落，優先和醋產生酸鹼化學反應。這個過程會需要一點時間，水槽表面要浸在醋裡，你才會開始看到明顯的差異。不過經過十五分鐘左右的醋處理之後，你就可以用硬毛刷（或舊牙刷）來清除任何汙垢和殘渣，最後再用水把整個表面沖洗乾淨。

千萬不要這麼做，但如果你去嚐嚐看以上的醋—水混合物，會覺得有一股酸類特有的酸味。這股酸味是高濃度水合氫離子（H_3O^+）出現在溶液中的結果，啤酒過度發酵也會產生這樣的現象；乙酸形成之後又解離，並產生水合氫離子，於是自家釀的酒就會帶有極酸的味道。

如果有需要，你可以安心服用的酸類是檸檬酸，常見於檸檬和萊姆，是另一種安全的家用清潔劑。我很喜歡用檸檬來清潔水槽的排水管，還有冰箱的飲水機。奧斯丁的水質相對偏硬，意思是我們的水裡含有各式各樣的礦物質。長時間下來，礦物質會堆積在水管內部並導致堵塞，尤其是還有其他東西卡在這些邊角的時候，像是食物或頭髮。

檸檬——因為含有檸檬酸——正好可以奇蹟般地解決以上問題。只要把一、兩顆檸檬切半，然後用廚餘攪碎機把檸檬推進水管，再用熱水把檸檬酸沖下排水管，你就可以享受充滿檸檬香氣的新廚房了。

檸檬酸是所謂的三質子酸，也就是其中含有三個質子可以貢獻給酸鹼化學反應。以廚房排水管為例子，這種效果強大的酸會一面在水管中移動，一面大力抓住堆積的硬水礦物質。礦物質實在太受到酸性分子吸引，於是只能脫離水管，從而疏通了排水管。

有看出這其中的模式嗎？我們用在廚房（通常）還有浴室的所有清潔劑都很擅長吸引和緊緊抓住／附其他分子，藉此把這些分子從不該存在的地方清除。不過這些髒汙分子的化學組成超級多樣，所以每次都得用上不同的「磁鐵」。

以檯面來說，如果沒有太多時間，我會選擇用多功能表面清潔劑，其中的主要成分是水，加上少許苯扎氯銨。和洗碗精一樣，這類分子是另一種具有疏水端和親水端的界面活性劑，因此只需要幾秒鐘就能與表面上的汙垢產生物理變化（形成分子間作用力，主要是分散力）。能遵守清潔產品上的指示當然是最好，但如果你和我一樣，就可能不會在使用多功能表面清潔劑的時候多等那幾分鐘。

這就是為什麼我會有點神經質地至少每週用漂白水（次

氯酸鈉）清潔廚房表面一次。在液態漂白水的型態下，次氯酸鈉呈現淡黃綠色，有種非常特殊的味道，會讓人聯想到乾淨的狀態。次氯酸鈉是鹼性分子，所以我們可以預期漂白水溶液會和碳酸氫鈉（小蘇打粉）有類似的表現。

　　每一種含有漂白水的清潔溶液都有不同的次氯酸鈉濃度，洗衣精和常見的家用漂白水通常含有 3 ～ 8% 的次氯酸鈉，不過這類清潔劑通常也會含有少量氫氧化鈉（出現在《鬥陣俱樂部》裡的那種鹼）。

　　加入氫氧化鈉的目的不是提升清潔效果，而是一種有助於減緩次氯酸鈉分解的緊急安全措施。如果在存放的過程中，漂白水分解並釋放出我先前提過的有毒氯氣，氫氧化鈉就會與這種氣體產生反應，然後製造出更多次氯酸鈉，很聰明吧？

　　我從大學開始用漂白水清潔廚房，因為有一位化學教授在閒聊的時候提到次氯酸鈉的神奇之處。他說漂白水是醫院偏好使用的消毒劑，因為可以確實殺死各種不同表面上的微生物。低濃度的次氯酸鈉──大約 0.05%──可用於消毒醫師的手。濃度高一點的次氯酸鈉──大約 0.5%──則可以完整消毒有體液殘留的表面，這就是為什麼漂白水是清除血跡的首選化學物質。

　　話雖如此，漂白並不是真的把外來分子從表面上清除，

而是分解分子中的幾個鍵（因此殺死了細菌），不過組成分子的原料──也就是原子──仍然會卡在檯面或浴室地板上。

所以如果你不想讓警察知道發生了什麼事，就不該使用漂白水。

請讓我解釋一下：次氯酸鈉與分子產生反應後，和光線發生作用的方式會改變。經過反應之後，分子再也無法散發可見區的光（紅─橙─黃─綠─藍─靛─紫）。這表示人類的肉眼看不到討人厭的分子，但分子還是存在。

因此，如果你不想讓警察發現大量的血跡，可以用漂白水清除所有可見的血液。然而，如果警方懷疑你的行為，他們只需要在漂白過的區域灑一點魯米諾，就能讓血液在黑光（紫外線）之下像螢火蟲一樣發亮。

換句話說，如果你用漂白水清潔檯面或浴室，其實並沒有把細菌從表面括除。事實上，你只是改變了分子的顏色。不過別擔心，大多數的漂白水都含有少量界面活性劑，讓你可以用濕抹布清除細菌。

打掃完廚房之後，我通常會走進客廳，把閱讀區窗戶上的狗鼻子印清理乾淨，然後獲得深深的滿足感。

最適合這項任務的是另一種叫做「氨」的鹼類，由於氨是鹼性，會與塵土和汙垢結合，因此是絕佳的清潔用品。只

要輕輕一擦，就能把塵土從玻璃窗面上清除，讓閱讀區的窗戶乾淨得會嘎吱作響，雖然我一轉頭，家裡的狗又會再次弄髒那扇窗戶。

氨也很適合用來擦亮傢俱或地板，但是對馬桶或浴室汙垢就沒什麼用了。不過別告訴電影《我的希臘婚禮》（*My Big Fat Greek Wedding*）裡的那位爸爸，因為他認為玻璃清潔劑可以解決任何髒汙——甚至是粉刺。

由於我有兩隻狗、一隻貓和會過敏的先生，其他歸類在客廳的家事主要是清除灰塵和用吸塵器把動物毛髮吸乾淨。就是因為這樣，我才會對 Swiffer 除塵紙和 Roomba 掃地機器人這麼著迷。

Swiffer 除塵紙可不是開玩笑的，不論是在哪一間客廳，只要用一塊特殊布料擦過水平表面，就能消除大量的懸浮微粒物質，這難道不神奇嗎？下次拿出除塵紙的時候，不妨花個幾分鐘仔細觀察一下。看看表面積有多大，以及纖維是怎麼彼此糾纏在一起。

接著在使用的時候，可以觀察細小的纖維是如何在每次掃過平面時集塵，你的擦拭動作其實就是在讓灰塵粒子和 Swiffer 布料之間形成分子間作用力。有些人把這種現象稱為靜電吸附，但我認為這就只是化學。

我的 Roomba 掃地機器人——名字叫做史帝夫——沒有

利用任何物理或化學變化讓灰塵脫離地板，而是利用馬達來轉動扇葉，製造出「真空」（其實只是低壓狀態）來把空氣分子和隨之而來的灰塵吸入機器人。經過過濾的空氣會從機器的另一端排出，灰塵和動物毛髮則會集中在機器人內部。

當然，大家都知道應該要先除塵再用吸塵器，不過這裡有個小技巧：如果你有一點時間，可以在除塵之後等個分鐘再開始吸地板。大多數的懸浮微粒物質都輕到可以懸浮在空氣中的氣態分子（氮、氧、氬、二氧化碳）之上，需要過幾分鐘才會落在地板。

家裡會用到最多化學物質的空間當然就是浴室，清潔浴室的時候，我出於直覺會想戴上護目鏡和手套，因為我知道自己會用到強酸和強鹼。這些物質明顯比用在廚房中的分子強效，尤其如果你用的是其中最強力的清潔劑之一：通樂（Drano）。

在液體狀態下，通樂含有氫氧化鈉（鹼液）和次氯酸鈉（漂白水）。通樂是非常強的鹼類，而且絕對、絕對要避免通樂進入你的體內，因為這種物質極具腐蝕性。如果你的皮膚不小心碰到通樂，一定要立刻停下手邊的工作，並且用水沖洗接觸到的身體部位十分鐘。

為什麼小蘇打粉和通樂的化學性質這麼不同？兩者都是鹼類，而且都可以當作清潔用品使用。不過，一種可以安全

用在藍莓派裡，另一種吞下之後卻可能害我喪命。

　　兩種分子都是鹼，這表示兩者在水裡會有類似的表現。不過氫氧化鈉是強鹼，碳酸氫鈉則是弱鹼，這可就天差地遠了。

　　如果是強鹼，所有的反應物都會轉化為產物；而如果是弱鹼，只有部分的反應物會變成產物。雖然這聽起來沒什麼大不了，這項差異卻會大幅影響清潔用品的效果。那麼，我們要如何分辨鹼的強弱呢？

廚房中的氫氧化鈉

在食品儲藏室裡，你也有可能會發現氫氧化鈉的蹤跡，也就是食品級鹼液。我非常推薦 Modernist Pantry 的產品，他們生產了很多安全的食品級原料，在廚房裡用起來非常有趣。

我最喜歡把鹼液用來做一口椒鹽卷餅，如果你想知道做椒鹽卷餅的好配方，可以參考艾頓‧布朗（Alton Brown）的家常軟椒鹽卷餅（Homemade Soft Pretzel）食譜。如果你不太熟悉艾頓‧布朗的作品，其實他就是另一個喜歡討論烹飪科學的書呆子，他的電視節目《好食物》（*Good Eat*）真是讓我讚不絕口。

總之，製作椒鹽卷餅的方法有兩種：使用氫氧化鈉（食品級鹼液很容易買到）或小蘇打粉。不論是哪一種方法，都會將麵團放入

小火煮滾的鹼溶液中，讓麵團外部變成淺黃棕色，因為鹼會破壞麵團麵粉中的長多肽鏈。

與鹼產生的反應會製造出比較小的胺基酸，並在梅納反應（Maillard reaction）[1]——賦予巴伐利亞椒鹽卷餅獨有棕色和鹹香風味的化學反應——中發揮活性。為了讓梅納反應發生，一個胺基酸必須和一個碳水化合物產生反應。由於果糖和葡萄糖比蔗糖小，通常會抓住胺基酸的末端原子來啟動這種化學反應。

在烤箱中，熱能會促使外層分子分解，產出幾百種不同的分子。大部分的新分子也都呈現棕色（就像焦糖化一樣），但形成的風味卻不太一樣。由於梅納反應不僅需要碳水化合物（糖），也包含了胺基酸（蛋白質）參與，因此所謂的梅納風味通常會被形容為「比較像肉味」。胺基酸的氮原子所呈現的風味明顯比焦糖化更豐富。

由於小蘇打粉是比氫氧化鈉弱的鹼，小蘇打粉和麵粉中蛋白質之間的化學反應，程度不及和氫氧化鈉產生的反應。梅納反應中活化的胺基酸比較少，因此用小蘇打粉做出來的椒鹽卷餅顏色通常不會那麼深。

---

1. 編註：食物中的還原糖（葡萄糖、果糖、乳糖等等）與胺基酸／蛋白質在常溫或加熱時發生的一系列複雜反應。

　　我們可以用氫離子濃度指數來測量鹼解離（也就是分裂）的程度，你可能是從酸鹼值（pH）或 pH 量表知道這個概念，數值範圍是從 0 到 14。pH 量表是化學家用來判定產物是鹼或酸的對數尺度，知道分子是酸或鹼之後，我們就能預測分子會如何和其他分子產生作用。以清潔用品來說，酸或鹼的化學性質會影響到家用清潔劑的用途——廚房還是浴室。

　　像純水這樣不帶電的物種，酸鹼值是 7 鹼類的酸鹼值一定會**大於** 7，而酸類的酸鹼值一定會**小於** 7。如果要測量溶液的酸鹼值，我們可以使用酸鹼值探針或酸鹼值試紙。酸鹼值探針插入溶液之後會顯示數值，而酸鹼值試紙則是明顯較便宜的方法，會改變顏色，搭配 pH 量表使用就可以知道不同顏色對應到 0 ～ 14 哪個數字。

　　不過酸鹼值探針或酸鹼度計到底是在偵測什麼？這些工具測量的是溶液中水合氫離子（H_3O^+）和氫氧離子（OH^-）的濃度。酸鹼值大於 7，表示氫氧離子（OH^-）多於水合氫離子（H_3O^+），而且溶液屬於鹼性。一些屬於鹼性的常見例子包括洗髮精、鹹水湖和大部分的清潔用品。

　　就如之前討論到的，根據你所居住的地區，你用的水甚至有可能是鹼性（也就是「硬水」）。部分研究顯示，飲用鹼性水有助於降低胃灼熱的發生機率。Essentia

和 AQUAhydrate 等品牌的瓶裝水含有大量的氫氧離子，但不是因為這些水本來就比較偏鹼性，而是製造商刻意在瓶裝水裡添加礦物質來提高酸鹼值。我個人是無法忍受鹼性水的味道，所以比較偏好酸一點的瓶裝水，例如 Dasani 和 Aquafina。不過讓我澄清一下，飲用水的酸鹼值進入你的胃之後就一點都不重要了……只是喝起來味道不同而已！

　　真正重要的，當然就是化學清潔劑的酸鹼值。強鹼如通樂裡的氫氧化鈉，有非常高的酸鹼值，大約落在 13 或 14，因為清潔劑中的氫氧離子濃度極高。溶液中的氫氧離子越高，溶液的酸鹼值就越高，物質的腐蝕性也越強。通樂的作用就像廚房排水管裡的檸檬，只不過效果強上許多。氫氧化鈉並不是大力抓住礦物質後在水管中移動，而是把礦物質從水管扯下來，就像心碎的少女把前任伴侶的相片從置物櫃用力撕下來。

　　小蘇打粉和氨都是比氫氧化鈉弱的鹼類，因此酸鹼值低於通樂，但酸鹼值還是高於不帶電水。小蘇打粉的酸鹼值是 9，氨則是接近 11。由於 pH 量表是對數尺度，氨溶液和氫氧化鈉溶液的氫氧離子數量還是有很大的差異。

　　當溶液中的水合氫離子多於氫氧離子，就會被視為酸性。這表示液體的酸鹼值低於 7，例如醋、果汁和蕃茄。乙酸和檸檬酸都是弱酸，酸鹼值大約落在 3。

像鹽酸這種常用於馬桶清潔劑的強酸，酸鹼值接近 0
或 1。在各地的五金行，這種產品通常叫做酸性馬桶清潔劑
（Acid Bowl Cleaner），不過背後的科學原理和我先前提到
的其他酸類一樣。鹽酸會攻擊髒馬桶上的汙漬（和細菌），
將分子中的鍵扯斷，藉此溶解汙垢和油汙，在這之後，就能
輕易把分子碎片沖下馬桶。

但如果你把非常酸性和非常鹼性的東西加在一起，會
發生什麼事？例如，假裝我們要做一件蠢事：把馬桶清潔
劑（超級酸的鹽酸）和通樂（鹼性的氫氧化鈉）混合在一
起。當這兩種分子結合在一起，會產生中和反應，只要酸和
鹼彼此接近就會產生這種反應。之所以叫做中和反應，是因
為最終混合的溶液酸鹼值通常會接近 7，也就是不帶電。在
我們的例子中，強酸和強鹼相互反應形成鹽水，如下所示：

$$HCl + NaOH \rightarrow NaCl + H_2O$$

不過現在，讓我們把旁觀離子——從名稱可以看出這些
離子在反應中沒有作用——從化學方程式中移除。強酸和強
鹼的中和反應經過這樣的調整後，就可以得到以下方程式：

$$H^+ + OH^- \rightarrow H_2O$$

有沒有很眼熟？強酸和強鹼混合之後會互相抵銷，於是我們得到了多半是水加上一點鹽（NaCl）的溶液。單看這行化學方程式，我可以理解也許有人會認為把馬桶清潔劑和通樂混在一起沒什麼大不了的。而以這個例子來說，真的差一點點就對了。

問題在於，兩種清潔劑中都含有少量的其他活性化學物質，而且不可以混合在一起。以大多數的中和反應而言，最後產生的溶液都不只是鹽水。事實上，弱酸和弱鹼之間的化學反應，通常會有兩種（或以上）的產物。想想看先前討論過的經典例子：醋＋小蘇打粉＝火山反應。混合更強的鹼類和酸類確實會讓這個過程變危險。

現在，你可能會很驚訝，市面上竟然有種產品叫做「緩衝溶液」，理論上這種溶液會同時含有一種酸和一種鹼。這可不是你在廚房草草調出的隨機混合物；緩衝溶液的製造方法是混合一種弱鹼和共軛酸，或者一種弱酸和共軛鹼。請回想一下，兩種分子之所以叫做共軛酸鹼對，是因為兩種分子式只有一個質子之差。此時此刻，你的身體就有幾種天然的緩衝溶液，例如維持腎臟和尿液酸鹼值的磷酸鹽緩衝液。

在實驗室裡，緩衝溶液是很強大的工具，因為緩衝溶液有抗微小酸鹼值變化的功能。基於相同的原因，這種溶液也很適合用來清潔游泳池和浴缸──我希望自己有一天能擁

人體中的緩衝溶液

在調節我們的血液酸鹼值上，緩衝溶液扮演著非常關鍵的角色。為了調節血液酸鹼值，人體會利用呼吸時製造的二氧化碳和水產生反應，並產出碳酸（H_2CO_3），如下所示：

$$CO_2 + H_2O \rightleftharpoons H_2CO_3$$

碳酸形成之後，會釋出質子並形成重碳酸鹽離子（HCO_3^-），如下所示：

$$H_2CO_3 \rightleftharpoons H^+ + HCO_3^-$$

這個反應加上前一個反應，就是碳酸—重碳酸鹽緩衝系統的基礎，讓我們的血液酸鹼值可以維持在 7.4。

舉例來說，如果你做了某件事導致血液中的水合氫離子（H^+）濃度上升（例如健身），酸鹼值自然會下降（請記得酸的酸鹼值比較低）。在這種狀態下，碳酸會暫時形成，之後再分解變回二氧化碳和水，如下所示：

$$H_2CO_3 \rightleftharpoons CO_2 + H_2O$$

接著，二氧化碳會被推出微血管，進入肺部的氣腔，呼氣時就能輕易排出。這整個過程會讓血液的酸鹼值回到 7.4。

如果血液的酸鹼值太高，這表示血漿中有太多重碳酸鹽離子。重碳酸鹽離子是共軛鹼，所以酸鹼值比較高。如果遇到這種狀況，人體會自然反應，改變呼吸速率來將氣態二氧化碳推出肺部並進入血液。在血液中，二氧化碳可以快速轉化為碳酸，讓酸鹼值降低並回到健康水準。

有這兩樣東西。為方便討論，就讓我們假裝自己有私人游泳池和豪華大浴缸，這樣一來，我們就有可能會用到緩衝溶液，來殺死泳池／浴缸水中的細菌和微生物，而不影響到水本身的酸鹼值。最常見的緩衝溶液是以次氯酸和次氯酸鹽離子（也就是一種弱酸加上共軛鹼）製成的溶液。

理想的次氯酸鹽─次氯酸緩衝溶液會含有 50% 的弱酸和 50% 的共軛鹼 ── 也就是 50% 的次氯酸（HOCl）和 50% 的次氯酸鹽離子（OCl⁻）。在正確調製的情況下，這種緩衝

溶液會維持 7.52 的酸鹼值。這表示如果有少量的酸或鹼混入緩衝溶液，溶液的酸鹼值也不會大幅變化。

讓我們更深入一點分析，並且用浴缸當作例子。如果稍微帶有酸性的異物（像是含羞草雞尾酒）不小心掉入含有緩衝溶液的水中，緩衝溶液的鹼性成分會與酸類產生反應，來中和這個「威脅」。以這個例子來說，就是次氯酸鹽離子（OCl^-）與酸類（含羞草雞尾酒）中的水合氫離子（H_3O^+）產生反應。所有的酸都被中和之後，溶液的酸鹼值應該會往下掉一點點，但還是很接近 7.5。

但如果是稍微帶有鹼性的異物（像是洗手乳）混入浴缸，緩衝溶液的鹼性成分就無助於把酸鹼值變化降到最低。這時候，緩衝溶液的酸性成分就派上用場了，酸性成分會與鹼類產生反應，並達到中和效果。以這個例子來說，就是次氯酸（$HOCl$）與鹼類（洗手乳）的氫氧離子（OH^-）產生反應。同樣地，溶液的酸鹼值在這個過程中應該會有一點點變化，但水最後呈現的酸鹼值還是會落在 7.5 左右。

現在假想一下，有個破壞狂跳入你的後院，往你的浴缸倒了一大堆漂白水。如果是這種狀況，浴缸中的次氯酸會持續和次氯酸鈉產生反應，直到所有的次氯酸都用盡。這時候溶液的酸鹼值會開始飆升，數值會從 7.52 變成 12 左右或更高。

相對地，如果這個混蛋決定要往你的浴缸倒一大堆電池用酸，次氯酸鹽離子會與這種酸產生反應，直到所有的次氯酸鹽離子都用盡。這時候溶液的酸鹼值會狂降，數值會從 7.52 逼近 2 或更低。只要以上任一情況發生，你的浴缸就會看起來髒髒的，需要多加一點緩衝溶液到水裡（或是換個新浴缸）。

我知道不需要特別強調，但緩衝溶液真的沒那麼神奇。緩衝溶液無法和大量的酸性或鹼性異物抗衡，只能中和少量的分子。這時就需要談到緩衝容量的概念，就像先前提到的，理想的緩衝溶液有 1：1 的弱酸和共軛鹼或弱鹼和共軛酸比例。在這種比例下，緩衝溶液可以抵銷最大量額外加入的酸或鹼。

只要濃度比例維持在 1：1 到 1：10 的範圍內，緩衝溶液還是能發揮效果。一旦超過這個比例範圍，緩衝溶液就會失效，這時往溶液添加酸或鹼，酸鹼值便會劇烈改變。通常這種變化很明顯，因為水會變色，有時還會開始發出奇怪的氣味，這表示是時候該清潔浴缸或泳池裡的水了。

我喜歡把緩衝容量類比成一個人的酒量；想像一下有個大學新生還不太清楚自己攝取乙醇的極限在哪裡。在十八歲的時候，他可能喝一、兩小杯烈酒就開始覺得有點昏沉。但到了第三杯，我們會觀察到他的耐受度下降，乙醇開始影響

他的人體基本機能。到了第四和第五杯，這個可憐的孩子大概會昏過去，再也無法承受更多乙醇——就像加了緩衝溶液的水超出緩衝容量之後，再也無法中和更多額外的酸或鹼。

以游泳池或浴缸的例子來說，緩衝溶液會一直存在，直到和太多稍微偏酸或偏鹼的異物（像是細菌）產生反應為止。一般的建議是每週應該要檢查氯濃度和酸鹼值兩到三次，我覺得這個頻率有點高，除非你真的很常在家舉辦派對，或是泳池接觸到大量的雨水。否則，在大部分的氣候狀況下，一週檢查一次就夠了。

或者你也可以效法我哥，他因為對自家泳池的水質太不滿意，所以決定把次氯酸緩衝溶液換成鹽水混合物，這種系統會利用微小的電流把氯化鈉鹽（NaCl）分解成鈉（Na^+）和氯氣（Cl_2）。以上的過程叫做電解，是利用外部電力來源（例如電池）迫使電子（反常地）從低能量移動到高能量。

這時候，鈉離子會與水形成分子間作用力並產生鹽水，而氯氣溶解後會產生先前提到的次氯酸鹽—次氯酸。如果泳池的酸鹼值不正常，鹽水機（salt cell，也就是製氯機）會將食鹽轉化為氯氣，而氯氣能快速產出漂白水，避免泳池裡出現藻類和其他綠色汙垢。

說到這裡，我還想分析最後一種類別的清潔劑：天然清潔劑，也就是會標榜「不含化學物質」或「完全天然」的天

然清潔用品。

　　首先，沒有什麼東西是真的不含化學物質。如果其中含有原子，那這個東西就是化學物質。而就如我們在本書第一章學到的，所有東西都是由原子組成。

　　第二，天然清潔劑通常是從植物萃取出來的分子，這未必代表一定會比合成的分子好（或不好）。從化學的角度來說，大多數的清潔劑分子不是酸性就是鹼性。那些宣稱發揮檸檬功效的產品，其實就是在利用檸檬酸的酸性性質。

　　我在購買清潔用品的時候，一定會挑選環保的商品。我不希望自己使用的清潔劑含有任何磷酸鹽，或是會釋放任何有毒氣體。我也不希望清潔劑含有任何類型的微粒，因為這已經對海洋造成很大的問題。

　　如果你已經考量過以上全部的因子，我希望你有能力挑選出適合自己和家人的清潔用品，並瞭解你清潔完畢後，用水沖進排水管的東西都是酸鹼化學的產物。更重要的是，我希望我有把你嚇得再也不敢把兩種家用清潔劑混在一起，在任何情況下都是。

　　既然搞定了你的（還有我的！）家事，就來做些應該會更有樂趣的事吧——Happy hour!

11
Happy hour!最棒的時光
酒吧

———

　　當初我決定要寫一本書來介紹日常生活中的化學時，就已經知道我需要一整章的篇幅來討論暢飲時間。而在我寫書的當下，酒吧因為 COVID-19 疫情而歇業，儘管如此，結束一天最好的方式莫過於和朋友聚聚、聊聊天和來點便宜飲料。德州艷陽高照的時候，我會直接用辣椒起司醬（queso）配上一杯冰涼的瑪格麗特，不過到了晚上的約會時間，我喜歡來一杯葡萄酒（或兩杯）。我先生總是會先點一杯威士忌，然後再來一杯沁涼的啤酒；我已經等不及要重回正常的生活了。不過不論你喝的是哪一種雞尾酒，每一種酒都充滿了化學，就讓我們從基礎開始吧。

　　「醇」泛指任何在一個氫原子和一個氧原子之間有鍵的分子，而且其中的氧原子直接與碳原子相連，像這樣：C–O–H。舉例來說，甲醇是醇類，因為甲醇的分子式是

CH₃OH；乙醇是醇類，因為乙醇的分子式 CH₃CH₂OH。（沒有以粗體標示的氫是與碳原子鍵結，而不是與氧原子）。

端看對話的情境，醇（英文是 alc–OH–ol，這樣寫可能比較有助於記憶）可以是好幾種不同的分子的暱稱。舉例來說，在醫師的診間，醇可能指的是外用酒精（異丙醇，isopropyl alcohol 或 isopropanol）。在亞洲，醇可以是一種燃料（甲醇，methyl alcohol 或 methanol）。而在瑪格麗特裡，醇是會讓你酒醉的分子（乙醇，ethyl alcohol 或 ethanol）。因此，這一章的重點會放在乙醇。

噢，如此甜美誘人的乙醇。乙醇會以特殊的方式和人類大腦中的分子產生反應和鍵結，所以是很多人下班後飲酒、第一次約會和最後談分手的首選。不過，乙醇的製作過程也一樣迷人——而且令人訝異的程度也許不亞於為什麼我們這麼愛喝酒。

歷史學家幾乎可以確定，人類從西元前六千年就開始釀製葡萄酒，而且從新石器時代就開始懂得讓水果發酵。甚至有個理論叫做「醉猴子假說」（drunken monkey hypothesis），也就是人類的大腦天生就是會受到乙醇吸引，起因是人類祖先很久以前的行為：他們會吃含有乙醇的成熟水果（也就是經過發酵的水果），所以當人類在其他地方遇到這類分子，就會感受到一種自然的吸引力／愉悅感。換句話說，就像我

們天生受到蘋果或香蕉的香氣和味道吸引（並不是因為原本的「蘋果風味」或「香蕉風味」，而是因為這些水果讓人聯想到特定的營養素），我們經過演化之後也會受到乙醇的吸引，因為人類曾經把乙醇和相同的營養素劃上等號。

人類一直以來都在實驗發酵方法，並試著從蔬果分離出可以帶來愉悅感的天然乙醇分子。而且基本上，可以說是特別為了這項技術發展出一門精實的科學。

一般而言，製作葡萄酒有三個步驟。在第一階段，要從葡萄藤採收葡萄，接著擠出果汁並集中起來。榨汁的機器其實相當精密，因為必須施加足夠的壓力破壞果皮來擠出葡萄汁（英文寫作「must」），但又不能施加太多壓力，以免葡萄中心的籽釋放出單寧。接下來，通常會把葡萄汁裡的梗移除，因為這個部位帶有不討喜的苦味。剩下葡萄汁的液體部分含有 12 ～ 27% 的糖、1% 的酸類，其餘的部分都是水。把葡萄混合物放入適當的容器（可能含果皮或不含果皮）之後，就可以展開釀製葡萄酒最精彩的環節：發酵。

發酵是厭氧的過程——也就是不需要氧做為反應物的化學反應——最後的產物是乙醇分子。然而，如果在這個過程中有氧加入，葡萄糖經過反應後會形成 ATP（就像我們在健身那一章學到的），而不會產出乙醇。

如果沒有氧的參與，酵母和糖產生反應之後即可形成

醇。如果你有試過從頭開始做麵包，應該會很熟悉這個過程。很重要的第一步驟是把酵母靜置在糖水裡幾分鐘，讓酵母產生活性。在這段時間，酵母會將葡萄糖分子分解成更小的分子，包括二氧化碳氣體。這就是為什麼經過足夠的時間之後，應該就能觀察到水面漂浮著淺棕色的泡泡混合物。

在釀製葡萄酒時，這種放熱反應 —— 熱能會是放出來——能把葡萄糖（糖）和酵母轉化成乙醇和二氧化碳，如下所示：

葡萄糖 + 酵母 → 乙醇 + 二氧化碳

產物純乙醇其實帶有苦味，而且極為易燃。如果有人想勸你喝下燃燒中的小杯烈酒，請務必要禮貌拒絕，然後離火越遠越好。只要一不小心手滑，這種冒險行為有可能會讓整棟建築物起火——更糟的是甚至可能會導致你的臉燒起來。

不過如果乙醇沒有起火並且繼續發酵，就會變成乙酸（可以做為清潔用品的醋）。很噁心對不對？這就是為什麼釀酒師一定要在對的時間點停止發酵過程，否則最後產出的葡萄酒會帶有明顯的醋酸味。

釀酒所使用的酵母種類相當多，不同葡萄酒之所以有不同的味道，有一部分就是出於這個原因。有些釀酒師會使用

原本就存在於葡萄果皮的天然酵母，其他釀酒師則偏好使用菌酛培養出的酵母。

發酵菌酛——又稱為母種——基本上就是一大碗會自我複製的好菌。這種單細胞微生物會與葡萄汁中的天然糖類產生反應，並釋放出二氧化碳氣體。在這個過程中形成的產物，就是我們深愛的乙醇。

酵母菌酛通常會保存在冰冷的環境，而且可以一代一代傳下去。傳說中，有義大利老奶奶會偷偷夾帶自家的美味菌酛搭上橫越大西洋的船，就是為了確保可以把菌酛傳給子孫。這種酵母菌酛通常是用來做麵包，不過科學原理和釀酒過程相同。

紅酒發酵（也就是酵母與葡萄汁裡的糖類產生反應並生成乙醇和二氧化碳）所需要的時間大約介於四天到兩週，在這之後才會將果皮完全清除。接著還要再繼續發酵到（總計）兩至三週。有時候，如果釀酒師要多採用一道叫做乳酸發酵（malolactic fermentation）的工法，就會在這個第二步驟中執行。

乳酸發酵的歷史和葡萄酒一樣悠久，不過到了 1930 年代，葡萄酒釀製學家尚・利巴羅—戈佑（Jean Ribéreau-Gayon）才確認了這種化學反應會讓蘋果酸（包括葡萄在內的大多數水果都含有這種天然成分，會讓水果帶有溫和的酸

味）轉化為乳酸。乳酸發酵可以降低葡萄酒的酸味，而就我的理解，每一位釀酒師對於乳酸發酵是好是壞都各執己見。有些釀酒師會在葡萄酒裡添加酒明串珠菌（Leuconostoc oenos）來促進乳酸發酵，而其他釀酒師則會用盡各種方法來避免這種化學反應。

自從發明了葡萄酒，人類就一直對釀造過程、色澤和風味進行各種實驗。歷史學家認為最早的葡萄酒全都是紅酒，直到埃及人發現可以釀製出白酒的顏色變異品種葡萄以及方法。當然，紅酒在一開始只會呈現淡紅色，要在發酵過程中浸泡著果皮，顏色才會變深（並且形成獨特的風味）。白酒浸泡葡萄果皮和種籽的時間只有數小時，接著就會將果汁取出。

另外也有一些子類別的葡萄酒是融合兩種釀製技術；例如粉紅葡萄酒——又叫做粉紅酒（rosé）——採用的是紅酒葡萄和白酒釀製技術。釀酒師讓浸泡果皮的時間縮短，所以這種葡萄酒會呈現迷人的粉紅色澤。相對地，橘酒（orange wine）則是以紅酒釀製技術處理白酒葡萄。這種葡萄酒的混合物在發酵階段會長時間浸泡果皮，讓葡萄酒變成很酷的橙色。果皮浸泡在果汁裡的時間越久，酒的色澤就越深。

在加州，大多數的白酒（除了夏多內〔chardonnay〕以外）都是放在不鏽鋼容器內發酵，這種材質不會與其中的液

體產生任何作用。不過，紅酒（和夏多內）通常會存放在木桶內，而木桶的類型（美國橡木、法國橡木、甚至是裝過波本酒的木桶）會讓風味更有深度。

在最後一個步驟，葡萄酒會熟成並累積濃郁又多層次的風味。這個過程會因為葡萄酒的類型和每位釀酒師的作風而有明顯的差異，不過一般而言，一定會為葡萄酒傾析除渣（racking）。裝在木桶裡的葡萄酒會固定在大貨架（rack）上，就是你會在倉庫裡看到的那一種，雖然時不時會需要移動木桶，但目的是讓所有固體粒子與其餘的葡萄酒（液體）分離。這些粒子會漸漸沉到木桶底部，變得比較容易濾出。在傾析除渣階段，每一個木桶的葡萄酒都會經過好幾次過濾。

上述的過濾過程其實是任何合成化學家都會用到的最基本技術，在實驗室中，我們會不斷把產物放入液體裡溶解，然後過濾掉任何剩餘固體粒子，來達到純化作用。釀酒師為葡萄酒除渣時，基本上就是在執行和我們一樣的動作，只不過他們是一遍又一遍地過濾葡萄酒，而且用的是超級大的磅秤。在這個過程中，釀酒師會試圖清除所有殘餘的葡萄碎屑和死亡的酵母細胞。

在傾析除渣的最後步驟，會需要澄清葡萄酒。這時釀酒師會在葡萄酒裡添加澄清劑（fining agent），例如活性碳木

碳或取自魚鰾的動物膠，這類物質會與葡萄酒溶液中殘餘的固體粒子形成分子間作用力。最後產生的化合物因為太重而無法漂浮在液體中，所以會沉到容器底部。

當葡萄酒終於完成釀製，就會裝瓶並且用軟木塞封瓶。如果是最頂級的葡萄酒，液體表面和軟木塞底部之間不會留有很大的空隙，這是因為葡萄酒中的分子可能會氧化──或是與葡萄酒上方空氣中的氧氣產生化學反應。不幸的是，對一瓶葡萄酒來說，氧化就是最糟的情況，因為這會導致過甜的氣味，通常我們會稱之為「有軟木塞味的」（corked）葡萄酒。

這也是為什麼葡萄酒要以傾斜的狀態存放，就是為了避免氧化。當酒瓶斜放，液體會讓軟木塞保持濕潤，因此軟木塞可以繼續防止葡萄酒接觸到空氣中的氧。相對地，如果將葡萄酒垂直擺放，軟木塞就可能變乾，小小的氧分子便能趁機穿過軟木塞中的氣囊，接觸並摧毀葡萄酒。透過軟木塞的氣味，即可檢查出一瓶葡萄酒的完整性。

葡萄酒開瓶之後，同樣會發生氧化過程。這就是為什麼你可能會發現開瓶第一天和第二天的葡萄酒風味有點不同。開瓶之後，只要繼續用軟木塞封住葡萄酒，應該就能再保存個三到四天。不過就像剛才討論到的，每一款葡萄酒都不一樣，所以你也許會需要對有疑慮的葡萄酒進行小小的嗅

聞（或品嚐）測試。一般來說，開瓶後經過五到七天的葡萄酒比較適合用來做菜。

近年來，有越來越多葡萄酒是以螺旋蓋封瓶，而不是採用軟木塞。我和先生的結婚五週年之旅是去西班牙巴斯克自治區（Basque Country），那時我向一位侍酒師提出了這個問題。他說選用螺旋蓋而不是軟木塞最直接的原因是葡萄酒的熟成過程。如果葡萄酒需要花比較長的時間熟成，釀酒師會比較有可能使用軟木塞，來維持葡萄酒中的氧濃度。相對地，如果葡萄酒很快就會開瓶飲用，例如俄勒岡（Oregon）產的黑皮諾（Pinot Noir），那麼使用螺旋蓋也無妨。

香檳和比較昂貴的氣泡葡萄酒尤其需要以軟木塞密封，因為這類酒有經過二次發酵。在這個過程中，酵母會變成乙醇和二氧化碳，但和第一次發酵不同的是，這次二氧化碳會被困在密封容器內，而不是像傳統葡萄酒一樣把氣體釋放到空氣中。

二次發酵的過程至少需費時兩個月，甚至可能長達數年。酵母細胞無可避免地死亡之後，會使得氣泡葡萄酒帶有獨特的烘烤風味。當發酵過程結束，又要再一次清除固體粒子，接著重新以軟木塞密封氣泡葡萄酒。

就連灌滿二氧化碳氣體（而不是利用發酵產生的二氧化

碳）而且以高壓狀態存放的平價氣泡葡萄酒──和在汽水中灌入二氧化碳是相同原理──也需要以軟木塞封瓶。螺旋蓋無法承受酒瓶內的壓力量，這代表氣泡葡萄酒隨時可能會意外從酒瓶裡噴出，像老忠實間歇泉（Old Faithful）一樣。

另一方面，有滲透性的軟木塞則可以讓氣泡葡萄酒緩緩釋放二氧化碳，排入葡萄酒和軟木塞之間的小空隙。這個過程還是會累積不少壓力，所以開瓶的時候你會聽到「啵」一聲。

我和先生去西班牙旅遊的時候，開始對卡瓦酒（Cava）有點著迷，這種酒被譽為「西班牙香檳」。每次展開約會之夜或是要慶祝的時候，我們都會喝一輪卡瓦酒，這已經變成我們兩人的傳統，連朋友都開始注意到。其實，在最近某一次的暢飲時間，我們和朋友──其中一位剛好有自釀啤酒的興趣──分享了西班牙之旅的一些細節，結果我們開始熱烈討論釀製葡萄酒和釀造啤酒之間的差異。想當然，以美味液體＋乙醇的標準來看，兩種過程非常類似。

在葡萄酒的發酵過程中，是利用葡萄汁裡的簡單醣類與酵母產生反應，而啤酒則是利用複合式醣類（像是穀物的澱粉）做為原料。不過澱粉在發揮任何功能之前，都必須要先分解成更小的分子，那麼我們該怎麼做？用煮的。

不過其實沒這麼簡單：最常用於釀造啤酒的穀物是大

麥，看起來像是淺黃色的小種籽，必須要用大型聯合收割機從像草一樣的麥梗上取下。接著將大麥浸泡在水中約兩天，溫度保持在大約 15°C（59°F），這麼做的目的是讓大麥種籽盡可能地膨脹。

在這之後，會讓種籽發芽四天左右（不過有些種籽可能需要八到九天）。在這個過程中，會產生各式各樣的酶，而且隨即開始分解種籽中的細胞壁。不過，有些酶的主要功能是把大麥裡的澱粉轉化為糖，以及把蛋白質轉化成胺基酸。整個過程可以用肉眼觀察到，因為麥芽——用來指稱已發芽種籽的專有名詞——會開始變成深色。種籽發芽的時間越長，麥芽的色澤就越深。

有些釀酒師認為烘烤（kilning）——備製麥芽的第三和最後一個步驟——是整個流程中最重要的階段。此時，需要用穩定供應的熱空氣（55°C 或 131°F 左右）將種籽內的水分子清除，不過端看需要什麼樣的麥芽而定，種籽最多可以加熱到 180°C（356°F），所以這之中有很多彈性！以較低溫度培養的麥芽具有較高的酶活性和較淺的色澤，而以較高溫度培養的麥芽則具有較低的酶活性和深層豐富的風味。這種深色麥芽可能會有煙燻、烘烤或甚至焦糖化的味道，即使存放數個月之後也是如此。

在下一步驟中，釀酒師會將麥芽磨成細緻的粉末，並且

把粉末再次浸入水中，來讓先前提到的酶發揮活性。又再一次地，酶把所有可用的澱粉分解成糖，最後形成棕色的液體──基本上就是由超甜糖水組成的酷炫溶液──叫做麥芽汁。

接著麥芽汁會和啤酒花一起滾煮，因此糖液會帶有深沉的苦味。如果你對啤酒花不太熟悉，這是一種綠色小花，看起來超級像毛茸茸的黑莓。滾煮過程大約費時九十分鐘，不僅是為了確保麥芽汁徹底吸收獨特的風味，也是為了最後要殺死所有的具活性的酶。有些人誤以為這個步驟只是為了增添啤酒的風味，但其實是為了要確保啤酒中的糖分子數量維持不變。否則酶會不受控制地吞噬掉糖分子，我想你應該猜得到，這會對啤酒風味造成負面影響。接下來，要讓混合物冷卻到大約 10°C（50°F），才能進行我個人最愛的階段：發酵。

這個發酵過程非常類似於釀製葡萄酒的發酵步驟：利用酵母將有啤酒花風味的糖轉化成乙醇。最主要的差異在於，啤酒釀造大師把這個過程分為**頂層發酵**和**底部發酵**；頂層發酵可以釀造出愛爾啤酒（ale），而底部發酵則會產出拉格啤酒（lager）。

首先討論一下愛爾啤酒：把愛爾酵母加入高溫的麥芽汁時，酵母會在混合物裡變成一團一團，接著漂浮在

溶液上。最受歡迎的其中一種愛爾啤酒——印度淡色愛爾（IPA）——過去幾年來在美國得到了不少關注。這種啤酒通常含有較高的乙醇濃度，而且多半會伴隨著一股苦味。傳統的愛爾啤酒如 Sierra Nevada 淡色愛爾啤酒，含有的乙醇分子偏少、可能是因為發酵過程比較短。但不論是哪一種愛爾啤酒，都是採用頂層發酵，讓酵母和非常高溫的麥芽汁結合在一起。

有一種特殊種類的淡色愛爾啤酒叫做 SMaSH IPA，是以單一啤酒花和單一麥芽（亦即只有一種啤酒花和只有一種麥芽）釀造而成。我是在 2020 年的夏天認識這款啤酒，因為有一家奧斯汀當地的酒廠用我來命名他們最新推出的 SMaSH IPA（Kate la Química）。他們採用了一種實驗性的啤酒花，還讓我觀察釀造過程中的每一個步驟，我簡直是身在書呆子的天堂。

另一種做法是將拉格酵母混入低溫的麥芽汁（也就是冷卻後的麥芽汁），兩種物質會先結塊，然後沉入底部，因為這些更大型的分子比愛爾酵母分子還要重；啤酒無法讓這些分子平均漂浮在液體中（像膠體的狀態）。為什麼不把這兩種方法叫做熱發酵和冷發酵呢？我應該永遠都無法知道答案。總之，美國大部分的釀酒師會採用冷／底部發酵，因為可以讓啤酒呈現不甜、「類似麵包」的風味。由於拉格

啤酒的乙醇濃度多半偏低，喝酒新手通常都會從這類啤酒入門，例子包括百威（Budweiser）和酷爾斯（Coors）。

我最愛的啤酒是小麥啤酒，可以用頂層或底部發酵釀造。美國小麥啤酒的啤酒花味比德國小麥啤酒濃，因為前者沒有使用小麥酵母菌株。正因為如此，德國小麥啤酒通常會更有水果風味，苦味也比較不明顯，所以在我看來比較好喝。

啤酒釀造的最後一個步驟叫做熟成（conditioning），和我先前提到的葡萄酒純化過程有非常多類似之處。這一次，加入澄清劑的目的是要與漂浮的單寧和蛋白質形成鍵，再將啤酒過濾出來，任何殘餘的死亡酵母細胞也會在這個階段清除。

和葡萄酒不同的是，啤酒存放時不需要傾斜擺放或以軟木塞密封，只需要存放在蔭涼的地方。陽光的強度足以破壞芳香族分子中的鍵，有可能會導致這類分子在啤酒裡釋放出硫，也就是你在有「臭鼬味」的啤酒裡喝到的味道。有趣的是，棕色玻璃可以吸收部分能量較低的陽光，並且防止啤酒受到有害輻射影響。綠色玻璃則沒有這種功能，這就是為什麼大部分的啤酒瓶都是深色。

最後的產物——啤酒——通常含有 90% 的水、2-10% 的碳水化合物和 1-6% 的乙醇。你應該有注意到，啤酒成分

會因為種類而有明顯差異，所以我們要用酒精容量百分比
（ABV）或酒精純度（proof）等名詞來表達酒精飲料的乙
醇濃度。ABV 指的是酒精在容量中所佔的百分比，這個濃
度專有名詞真的讓我很惱怒，因為實際上應該是乙醇在容量
中所佔的比例才對。

　　酒精純度這個詞源於英國，最初是為了要針對烈酒和啤
酒套用不同的稅率。以前會將酒類倒在火藥上點燃，如果這
種飲料以穩定速率燃燒，並且呈現特殊的藍色火焰，就表示
「符合標準」（proven），是一種優質的酒。然而，如果飲料
沒有立刻燒起來，就屬於「不符標準」（underproof），表示
其中的乙醇分子含量不足。而如果火藥很快就著火，則代表
酒含有太多乙醇分子，這種飲料會被標示為「超過標準」。

　　在現代，ABV 可以說是用來標示成人飲料乙醇含量最
常見的方式。如果你在美國看到酒瓶上寫的是酒精純度，
只要把數字除以二就可以算出 ABV。根據美國國家酒精
濫用與酒癮研究院（National Institute on Alcohol Abuse and
Alcoholism）的報告，12 盎司啤酒的平均 ABV 是 5%，所以
我們可以把這個數字當成比較的基準。相較之下，一杯 5 盎
司葡萄酒的平均 ABV 落在 12% 到 18% 之間，而清酒更是逼
近 20%！

　　為什麼會這樣？清酒基本上算是半葡萄酒、半啤酒的酒

精飲料。雖然清酒的製程和葡萄酒更為類似，原料卻不是葡萄或任何一種其他水果。事實上，清酒——和啤酒一樣——是以穀物釀造而成，也就是白米。在發酵過程中，會將一種有甜味的**黴菌**加入白米，讓溶液中含有可以把白米澱粉分解成糖的酶。同時，也會將酵母加入以上的混合物，來和醣類產生反應並形成最關鍵的乙醇。

和啤酒不同的是，這種純發酵方式可以產生濃郁的液體，乙醇含量高達 20%。清酒的 ABV 明顯高於啤酒的原因之一，是在發酵過程中會不斷在溶液中加入煮熟的白米。用於將糖轉化為乙醇的黴菌剛好也會自然生長在白米上，因此加入煮熟的白米有雙重好處。

以目前討論到的三種酒類來說，清酒可以說是最脆弱的一種。這是因為其中不含任何來自葡萄或啤酒花的有色分子，無法吸收接觸到的陽光，導致帶有輕盈花香味的分子受到傷害。日本清酒業界使用的透明及藍色玻璃瓶，也毫無遮蔽陽光的效果，這實在是相當諷刺，因為清酒其實比葡萄酒或啤酒都還要脆弱。

正因如此，一般的建議是盡快將清酒飲用完畢，尤其是開瓶之後。不過別忘了，清酒的 ABV 可是有 20%，所以也許找一大群朋友來分享會比較適合。

不過千萬不要請我喝清酒，拜託。其中的乙醇含量實在

太高了，一聞就讓我聯想到實驗室。

　　我對伏特加也會有一樣的反應，這種酒基本上就是經過稀釋的乙醇。最烈的伏特加之一是來自波蘭的生命之水（Spirytus），ABV 高達 96%，等於酒精純度 192──也就是含有 96% 的乙醇。就算付錢給我，我也不會試喝這種伏特加。

　　大多數伏特加的 ABV 通常會落在 40%，或者酒精純度 80，因為這種酒都會經過類似的純化過程。和葡萄酒、清酒及啤酒相同的是，蒸餾酒也都是從發酵開始製作，但多了一個步驟叫做蒸餾。這個過程是製作烈酒和蒸餾酒中極為關鍵的一環，因為這類酒的原料通常含有一種危險的分子叫做甲醇。

　　甲醇和乙醇的分子式非常類似，但在人體中運作的方式卻天差地別。我們喝下乙醇（CH_3CH_2OH）會酒醉，但喝下甲醇（CH_3OH）後，我們會失明。甲醇會變成甲酸，會與視神經產生負面作用並導致眼盲。你知道喝得爛醉的英文「blind drunk」字面上的意思就是「又瞎又醉」嗎？現在你知道為什麼了。

　　多虧了像 FDA 這樣的單位，現在我們再也不需要擔心雞尾酒裡有甲醇。不過在美國禁酒時期（Prohibition），很多新興化學家──造私酒的人──開始在自家廚房製造乙

醇。問題是,這些人大多數都沒有扎實的科學背景,最後弄巧成拙製出了甲醇,導致失明人口大增。基於這個原因,如果有人請你喝在後院自釀的酒,最好還是多考慮一下。

攝取過量甲醇可能害死你,這就是為什麼伏特加(還有威士忌、蘇格蘭威士忌、龍舌蘭和蘭姆酒)一定要經過蒸餾。為了純化伏特加這種由穀物(例如馬鈴薯或高粱)經過發酵而產生的高醇含量液體,必須將使用過的酵母清除,只留下乙醇/甲醇混合物。接著要在一段時間內,分別以不同溫度慢慢加熱溶液。

剛開始,混合物要維持在大約65°C(149°F)一陣子,讓所有的甲醇沸騰到最後汽化(變成氣體)。這時釀酒師就能把氣體排出,等於是去除了甲醇。

接下來,溫度要提升到78°C(173°F)左右,來將乙醇從樣本中取出。乙醇蒸氣離開醇溶液之後,會沿著叫做冷凝管的高級玻璃管移動。這時候,氣態乙醇會凝結並再度變回液體乙醇,然後滴入新的容器。

如果是三次蒸餾伏特加,那麼以上的過程會再重複兩次。先放入乙醇混合物(還有一些偷偷混入的甲醇汙染物),再加上熱能,然後就像超人一樣,氣態甲醇分子(達到沸點之後)升空、高飛、離開。

蒸餾過程不僅純化了含醇樣本,也無可避免地提高了

樣本中的乙醇濃度。既然蒸餾讓伏特加達到極高的純度，ABV 有 40%，那麼剩下 60% 的溶液是什麼呢？

水。

這表示你在喝酒的時候，其實是在補充水分。開玩笑的，喝酒絕對會讓你脫水，你飲酒過量之後會宿醉的原因就在這裡。也就是說，我們在伏特加裡喝到的乙醇一定會和水結合。這兩種液體可以互溶——可以順利地混合在一起——因為水的氧原子和乙醇的氫原子之間會形成氫鍵（反過來也是一樣）。把不互溶的液體倒在一起會形成兩個不同的液體層，例如油和水。幸好，大多數的調酒飲料都可以和乙醇及水互溶。

不過如果你有喝過 B-52 調酒，就會知道其實是有可能把三種不同的酒精飲料疊在一起：咖啡酒在底部，接著通常會倒入貝禮詩（Bailey）奶酒，最後一層則是柑曼怡（Grand Marnier）橙酒。基本上這就是另一個可以快速示範密度原理的好例子。

我通常願意嘗試大多數的蒸餾酒和烈酒，但有一款酒我就是不想碰：艾碧斯（absinthe）。最近我和主管一起去位在布魯克林（Brooklyn）的生蠔吧，店裡暢飲時間的特別招待就是艾碧斯，服務生不斷想說服我們喝看看，我只能試著用有禮貌的方式告訴她「我才不要」。

　　艾碧斯是一種在大多數國家都沒有明確定義的烈酒，因此可以鑽傳統酒類法規的漏洞。與其他烈酒如白蘭地和琴酒不同的是，「艾碧斯」這個名稱可以用來指稱各式各樣的飲料，因為所有的國家（除了瑞士以外）都還沒在法律上定義這種烈酒，這也可以解釋為什麼艾碧斯瓶身上標示的乙醇含量可能從 45% 到高達 70% 不等。

　　這種誤解重重的酒主要是以三種植物製成，包括苦艾、茴香和八角。苦艾這種植物確實很苦，艾碧斯通常要倒在方糖上的原因就在這裡。有些店家甚至會在糖上點火（真的，醇會從艾碧斯汽化），為艾碧斯飲料增添一點烘烤風味——這也是我避之唯恐不及的另一個原因。

　　在仔細講解艾碧斯的製作過程之前，我想先破解關於這種酒的謠言。艾碧斯不是迷幻藥或精神藥物；就目前所知，所有關於艾碧斯導致人出現幻覺或進行暴力犯罪的故事就只是故事而已。從科學觀點來說，沒有任何原因可以解釋為什麼艾碧斯會導致人體變得如此失控。

　　不過，將近七十五年來，有種叫做側柏酮的分子被視為會導致人的思緒和行動紊亂。據報這種物質對人類神經系統有毒，而且會引發抽搐。苦艾油含有這種分子，據說這也是為什麼有人會對艾碧斯產生不良反應。不過，後來有人發現，指出側柏酮和艾碧斯有關連的科學家瓦倫丁・馬格南醫

師（Dr. Valentin Magnan），其實是法國的禁酒主義者，反對任何攝取酒精的行為。

一如預期，近期的研究證實，在從二十世紀保存至今的艾碧斯樣本中，幾乎找不到任何側柏酮分子。馬格南醫師究竟是怎麼讓全世界相信艾碧斯「有害」，我們永遠都無法知道答案了。

由於瑞士是目前唯一一個對艾碧斯有明確定義的國家，就讓我們更進一步分析他們是如何生產這種酒。在瑞士，艾碧斯的做法是將八角、苦艾和茴香浸泡在 96% 的乙醇溶液中。這個過程叫做浸漬（maceration），此時植物會透過半透膜吸收乙醇，而在這同時，乙醇則會接收香草的微微花香味。

和伏特加一樣，艾碧斯會經過蒸餾來純化液體。一旦將甲醇清除，酒的 ABV 會立刻降到 70% 左右。有些酒廠會直接再加一些水到溶液中，來進一步稀釋酒精濃度。在這之後，艾碧斯通常會再次浸漬，不過這一次浸泡的是牛膝草、香蜂草和更多苦艾。這個階段非常類似於泡茶的過程──只不過以艾碧斯來說，理想的產物溶液應該要含有大量的葉綠素，而就是這一種化學物質讓艾碧斯呈現眾所皆知的綠色。

幾杯艾碧斯下肚確實有可能讓人體功能大亂，任何高酒

精純度飲料都是如此。這麼高的 ABV 會引起一連串化學反應，嚴重影響人體的運作方式，這是因為醇的代謝方式和食物完全不同。剛開始，小腸會將乙醇吸收到血管裡，接著直接運送到肝臟。（所以臨檢酒駕的時候要測量血液中的醇濃度。）

乙醇抵達肝臟之後，叫做乙醇去氫酶（ADH）的酶會破壞乙醇分子（CH_3CH_2OH）中的兩個共價鍵。這個過程叫做乙醇部分氧化，會形成乙醛（CH_3CO）。稍後你就會知道為什麼該提防乙醛，不過現在，你只需要瞭解這種物質會快速轉化成乙酸鹽（CH_3COO^-）離子。

這時另一種叫做醛去氫酶的酶會出現，然後將乙酸鹽離子分解成二氧化碳和水，再經由我們吐氣排出二氧化碳。這一連串的反應看起來都相當無害，對吧？如果你不清楚詳情，就會以為這和胃消化食物沒什麼兩樣。

那麼，喝醉背後的科學原理究竟是什麼？乙醇（CH_3CH_2OH）到底為什麼會讓我在暢飲時間喝了幾杯之後，就想要穿上牛仔靴跳起德州兩步舞？還有為什麼空腹喝酒似乎會更快酒醉？

首先，乙醇進入人體之後，大約五分鐘就會抵達大腦，這之後再過五分鐘，你應該就會開始感覺到乙醇的效果。這時，大腦有足夠的時間與乙醇作用，並且開始釋放多巴

胺。在人類大腦中，多巴胺是一種神經傳導物質，也就是會帶著訊號從一個神經受器移動到另一個受器的分子。我們喝酒時，大腦的反應就是釋放多巴胺分子。

　　多巴胺有超級英雄分子之稱，可以立刻讓人感到「快樂」。不過，正如健身那一章討論過的，研究顯示多巴胺分子其實並不會讓人有動力（或沒動力）做某件事。而在這裡的例子中，多巴胺會傳送做某件事——例如喝酒——讓人感到正向情緒的訊號，這就是為什麼人會自動把多巴胺和愉悅感劃上等號。

　　乙醇也會與人體內的鈉、鈣和鉀離子通道產生作用，並且擾亂大腦裡的另一種神經傳導物質 γ- 胺基丁酸（GABA）。不過，這一種物質會抑制大腦活動，而且我們通常可以從喝醉的人身上看到這種效果，笨手笨腳和典型的咬字不清等行為，都要歸咎於 GABA。不過，酒醉的人通常聽到 ABBA 樂團的歌曲就會展現出可怕的舞姿，這可就和 GABA 無關了。

　　除了 GABA 之外，乙醇也會阻礙另一種神經傳導物質的運作。麩胺酸是很重要的分子，在大腦形成記憶和最終學會新事物的過程中扮演關鍵角色。當麩胺酸的活動遭到抑制，喝醉的人會變得難以學習新事物——或形成新的記憶。我敢發誓，有些人體內真的有特殊的麩胺酸阻斷劑，因為他

們喝了一、兩杯之後就會什麼都記不得。這的確是很奇妙的
現象，而且一整夜狂灌酒之後也可能出現相同的情況。

　　以上這三種因子結合在一起，就會讓醉醺醺的人呈現狂
喜的狀態、被自己的腳絆倒，然後在隔天早上把一切都忘得
一乾二淨。當然，你的飲酒量會影響到酒醉的嚴重程度。

　　我們把人體內的乙醇含量稱為血液酒精濃度（BAC），
這個數值代表的是實際上被吸收到血液中的乙醇百分比。
法律規定可以駕車的 BAC 上限通常是 0.08，原因是大約從
0.09 一直到 0.18，人體才會真正開始感覺到 GABA 的效果。

　　如果 BAC 達到 0.19 以上，人體通常會開始感到困惑。
而麩胺酸抑制人形成新記憶的能力，會讓這種情況更嚴
重。這種程度的 BAC 也會伴隨著缺乏協調性，原因當然就
是神經傳導物質 GABA。如果你曾經喝到「昏厥」，這很可
能是因為你的 BAC 高於 0.19，真是太瘋狂了。

　　當 BAC 超過 0.25，人可能會開始出現醇中毒的症狀。
真正的危險就是在這時發生，因為人處於這種狀態時，很容
易被自己的嘔吐物嗆到和窒息。

　　如果你不知怎麼地喝到 BAC 高達 0.35，會有陷入昏
迷的風險，也會開始有基本的循環和呼吸問題。BAC 達到
0.45 幾乎等於是死亡，此時的大腦已經無法正常運作來指揮
人體發揮基本的功能，例如吸一口氣。話雖如此，瑞典宣稱

有紀錄顯示，曾經有一位公民的 BAC 高達 0.545 ！

你可以想想看 BAC 達到 0.545 究竟是什麼意思。如果我們假設人體平均有 5 公升的血液，BAC 高達 0.545 表示單是血液就含有整整 1 盎司的純乙醇，等同於有 2.5 盎司杯這麼多的伏特加——在你的血液裡！當法官簽署搜索令要採集酒駕駕駛的血液樣本，是為了讓科學家可以量化這位駕駛血液中所含的乙醇。

但如果我們真的需要一份血液樣本才能判斷出 BAC，警察又是怎麼在路上檢測你的身體裡的乙醇分子數量呢？

根本不可能。

這就是為什麼警察必須使用呼氣酒精濃度測定器（breathalyzer），這類機器大多可以進行一些很酷的化學反應，在非常短的時間內把人呼出來的乙醇（CH_3CH_2OH）水汽轉化成乙酸（CH_3COOH）。這和先前討論過的，如果有人讓自釀酒發酵太久——乙醇會變成乙酸（醋）——是同一種化學反應。

由於空氣中不會有自然產生的乙酸，呼氣酒精濃度測定器檢測到的任何乙酸，都可以歸因於你體內所含的乙醇量。因此，呼氣酒精濃度測定器很快就能計算並顯示出相對準確的 BAC 數值。

大部分警察放在車內的小型呼氣酒精濃度測定器都不太

準確，所以不能做為法庭上的證據。然而，這種機型已經足以提供逮捕駕駛的理由，接著警察就可以把駕駛帶往醫院採集血液樣本。

一般人可以自行購買呼氣酒精濃度測定器放在車內，所以任何人都能在酒吧喝幾杯之後幫自己檢測。如果你呼氣的數值超過 0.08，就需要叫 Uber 或朋友來載你回家。在這個時代，找到替代方案回家實在太容易了，何必置自己的生命——還有其他人的生命——於危險之中。幾杯瑪格麗特下肚之後，就得提防著 GABA。

以上提到的各種神經傳導物質紊亂，在飲酒當下也許很有趣，卻可能對你隔天早上的狀態造成負面影響。宿醉除了是我最喜歡的電影《醉後大丈夫》（*The Hangover*）的主題，也是和朋友喝幾杯時最不討喜的階段。這時你的身體不僅會因為處理大量的乙醇而脫水，在你肝臟內的酶還會分解乙醇，並且產生大量我先前提過的分子乙醛。

乙醛基本上是一種在其他化學物質合成時——主要是乙酸鹽離子的合成，最終會分解成二氧化碳和水——出現的中間體，但是這個過程需要一點時間。有毒的乙醛分子會留在你的體內好幾個小時（在所有的乙醇分子都已清除之後），最後才會被另外代謝掉。

對於乙醇去氫酶基因有突變的人來說更是如此，在這類

人的體內，乙醇會以極快的速度轉化成乙醛，但他們的身體卻難以繼續進行轉化成乙酸鹽離子的過程。在這種狀態下，人體會因為酒精性潮紅反應（alcohol flush reaction）而變得紅通通和起疹子。紅色的斑塊可能會立刻出現，或是在當晚稍後才出現，通常這可以準確預測宿醉即將發作。

　　宿醉最令人難以忍受的部分，就是隨著從人體中清除醇的化學反應而來的電解質流失。電解質也就是我們在早餐章節介紹過的礦物質，可以分為兩大類：陽離子（帶正電的離子）和陰離子（帶負電離子）。人體內主要的陽離子有鈣、鎂、鉀和鈉，陰離子則有氯、碳酸氫鹽和磷酸鹽。一般而言，人體會維持 1：1 的陽離子：陰離子電解質比例。

　　在沒有暢飲時間的一天當中，腎臟會負責維持人體內每一種電解質的適當濃度。這項功能極為重要，因為這些礦物質會調節血液的酸鹼值，並負責肌肉的收縮（例如心臟）。但是如果當天有暢飲時間，我們的腎臟會陷入過勞狀態。為什麼呢？

　　乙醇是利尿劑，也就是會讓你不得不排尿，而且量非常大。每次你走進廁所，都是在把所需的電解質從體內排出，這就是為什麼有時候喝酒過後的隔天早上，運動飲料會比巧克力片鬆餅更誘人。這個快速又便宜的方法可以補充必要的鉀和鎂（還有其他離子），來解決前一晚喝太多而導致

的疲勞和疼痛。

　　擊敗宿醉最好的方法就是當個負責任的大人：你已經知道在出門喝酒前要確保身體有充足的水分，不過你也應該要搭配晚餐喝下第一杯葡萄酒，而且要吃需要長時間才能消化的食物。事實上，乙醇必須先通過食物，才會被吸收到血管中。因此，我們在前幾章提到的複合型碳水化合物——例如馬鈴薯和玉米——可以在這個情境下發揮物理屏障的功能，減緩人體吸收乙醇的速度。所以一定要記得吃東西！

　　目前為止，我們學到了什麼？所有的酒類都要經過發酵，而且所有的烈酒都要經過發酵加上蒸餾。葡萄酒釀酒師對蘋果酸各執己見，而啤酒釀酒師對麥芽汁情有獨鍾。至於我們這些一般人，在暢飲時間和朋友一起喝個幾杯，愛吃多少辣椒起司醬就吃多少，甚至嘗試跳個德州兩步舞都完全沒問題。只是別忘了，當乙醇像「化身博士」（Dr. Jekyll）一樣變成乙醛，你早晚都得把這些乙醇副產物排出身體。

12
日落時分放鬆一下
床笫之間

———

　　不論「晚間就是最理想的時間」（nighttime is the right time）這句話是誰說的，這號人物一定是化學家。事實上，有些一天之中最讓人熱血沸騰的化學現象就是發生在晚間。人人都喜歡欣賞的夕陽燈光秀、性愛過後感受到的愉悅、用來營造氣氛的蠟燭——無可否認地，晚間時分就是有股特殊的能量，而這一切都要歸功於原子和分子的作用。

　　讓我們從自然世界最精美的奇景談起：夕陽。當太陽西下，大地隨著熱能從地面消散而冷卻，不再因為太陽而充滿能量與活力。日夜轉換的開始相當壯觀：從明亮漸漸沒入黑暗，日落的美麗。而如果你剛好比較早閒下來，尤其是盛夏白天最長的時候，你也許可以幸運地一睹大自然最動人的現象之一：曙暮光（crepuscular ray）。當光線反射在漂浮於空氣中的塵土粒子——或分子——便會產生這種「上帝光」，看起來就像天上有人把雲朵拉開，用聚光燈照向地球。

　　我記得第一次注意到曙暮光，是童年時期去密西根小屋度假的時候。我家有一間位在小湖上的小屋，周圍環繞著兩、三呎的沙灘，我爸在這裡的兩棵巨大橡木和楓樹之間掛了一個老舊的吊床。如果你躺在吊床上，不論什麼時候都可以感覺到從湖那邊吹過來微風，還可以聽到波浪沖向沙灘的聲響，如此平靜又令人放鬆。我發現家人在吊床上睡著的次數多到數不清，這裡就像是小小的天堂，而當曙暮光從雲的縫隙之間灑落，這裡也確實看起來像天堂。

　　這種太陽光束也被暱稱為「佛陀光」或「雅各的天梯」（Jacob's Ladder），會呈現明亮和暗色光束交錯的特殊紋路。每一道紋路都不一樣，因為形狀取決於雲的位置和時間點（還有太陽的定位）。曙暮光通常會出現在黃昏時段，因為這時候太陽是低於地平線，也就是太陽剛落下或即將升起的位置。在這個角度，光線很容易會散射，並呈現出美麗的日出和日落景色。不過背後的原理究竟是什麼？

　　我們已經知道太陽是以電磁輻射（紫外線、可見光和紅外線）的形式把光線照射到地球，而如果有分子干擾電波或磁波，原子可能會阻擋光線或使光線彎折。不過在黃昏時分，雲朵和山群造成的陰影會和閃耀的太陽光束平行——就像時間越晚，你的影子就越長。事實上，如果你從上往下觀察這些平行的紋路（例如從太空人的視角），一定會先看

到陰影而不是陽光。但在地球上，我們只能看到光線穿過雲層。

因此，國際太空站（ISS）的太空人拍照記錄，讓在地面上的人可以看到光線是如何彎過雲朵並將平行的陰影投在地球上。這些相片真的很驚人，因為雲朵看起來幾乎就像是帶有陰影版的塵埃餘跡，和彗星一樣。

我之前提過，如果要形成這種美麗的太陽光束，太陽光必須因為大氣中——我們呼吸的空氣中——常見的小分子（像是氮、氧和二氧化碳）以及汙染物（例如狗毛、灰塵和汽車廢氣）而散射。想當然，在人口比較多的城市，空氣中的粒子通常會明顯多於人口沒那麼稠密的區域，這就是為什麼城市人（像我）經常覺得鄉村的空氣聞起來清淨得多。空氣中的灰塵分子就是比較少，所以我的肺部不需要從氧氣裡過濾掉那麼多灰塵。

當太陽光束在對流層（最靠近地球的大氣層）中以低角度穿過雲層，光線的軌跡和空氣中的物質交會，會形成所謂的光學現象。幸運的是，這個科學原理非常類似於在海灘那一章討論過的化學。只是物理學家會用「光學現象」這個詞來描述大氣中的化學作用，他們真傻。

這些現象包括彩虹、海市蜃樓或曙暮光，都可以歸類在光線和人類可以用肉眼看到實體的物質產生作用。反射和折

射也屬於這種現象，而且還是日出或日落之所以有著令人驚嘆的色彩的原因。

　　一般而言，光學現象會出現在能量較低的光線碰到大氣中的分子時，例如紅外線（IR），也就是地球從太陽接收到最弱的光線能量。紅外線雖然偏弱，但地球接收到的量卻非常大：每天紅外線的照射量都是紫外線的七倍。幸好，這種能量沒有（像紫外線）強到會導致皮膚癌。

　　之前已經分享過威廉·赫雪爾在 1800 年首次發現紅外線的故事，不過現在，我想你已經準備好更深入瞭解這種化學現象了（畢竟這是本書的最後一個章節）。別忘了，這項發現問世的時候，化學家和科學家還沒推論出光線同時有粒子型態和波動型態。不過在這時，波動型態——也就是能量的特徵——才是重點。紅外線大到不足以對人類造成危險，但客觀來說還是相當小：紅外線的波長範圍是 740 奈米到 1 毫米，大概和針的尖端一樣大。由於人類肉眼看不見這種能量，赫雪爾必須找出方法來使用溫度計和稜鏡來偵測熱能。

　　儘管我們只能透過夜視鏡看到這種光線，卻能以熱能的形式直接感受到紅外線。我在討論烘焙的時候有提過，紅外線能量真的就是單純的熱能，所以我們才能把這種能量用在烤箱。

　　另外，和烘焙的過程一樣，當分子和紅外線產生作用，

會吸收能量並開始振動。舉例來說，如果有人用水管對你噴水，你對水產生的反應可能會是稍微跳來跳去。特定分子和紅外線產生作用時也是相同的狀況，分子吸收紅外線（也就是比喻裡的水）之後，會因為剛注入其中系統的額外能量而開始振動（跳來跳去）。

分子如二氧化碳和甲烷在大氣中與紅外線產生作用時，也有一模一樣的反應：振動，然後接下來會發生很酷的現象。

和先前討論紫外線的狀況不同的是，一旦這些大氣分子和紅外線這種能量較低的光線產生作用，就可能把能量以不同的方向重新散發回大氣中，這有助於地球維持在適合人類生存的溫度。

為了再進一步分析，我們先回到水／水管的例子。假設有人突然用水柱噴你，你很有可能會往後跳，然後抖一抖身子。在這個過程中，你的身體也許會轉向 10° 或 20°，或甚至 180°——分子吸收了紅外線之後也是如此。

這種新能量（來自水管的水）導致分子開始振動（跳來跳去），因此在空間中的位向會變得稍微不同。分子停止對突如而來的紅外線（水）產生反應之後，就會把能量散發回當前朝向的方位。

以灰塵粒子為例，分子只能保留這種能量一小段時間，

隨即就必須把能量釋放回地球的大氣。重新散發的光線會以完全不同的軌跡前進，而當這種狀況發生在適合的環境下（例如黃昏時分），我們就可以看到絕美的太陽光束像聚光燈一樣照向地球的某一個區塊。

　　一般來說，曙暮光只會有白色光線。這種光線在我們眼裡是無色，是因為其中含有可見光譜中的所有顏色而且完美地混合在一起（如果你覺得這很違反直覺，可以拿稜鏡對準陽光，然後觀察陽光分散成彩虹，應該就能說服自己了）。

　　我們會用「白色光線」這個詞來泛指電磁波譜中的特定區塊，也就是波長從 380 到 740 奈米的能量。這個區塊就叫做可見光區，這個名稱很貼切，因為我們可以看到的就是這一區的光線。舉例來說，任何有顏色的物質都含有一部分在我們眼裡看來像特定顏色的分子。這一部分的特殊分子叫做發色團，可以吸收很多不同波長的光線，但有一個例外。

　　如果你必須經常去看眼科（像我就是），應該會很熟悉這種化學現象。事實上，我們的眼睛有一種分子也含有發色團，叫做視網醛（維生素 A 的一種），這個很厲害的分子有助於我們看見東西。當光線接觸到人類眼睛裡的視網醛，視網醛分子的反應會是從順式變為反式立體構形，最終使得分子呈現直線。（請回想一下，順式指的是原子和鍵位在同一側而形成的構造，反式則是原子和鍵位在不同側）。這種變

動會對視網膜中的視蛋白造成壓力，接著引發的過程會讓大腦可以解讀周遭事物的畫面。

每一種視網醛─蛋白質作用會對不同波長的光線產生反應：如果光線的波長介於 625 到 740 奈米之間，我們的眼球會把這個顏色解讀為紅色，較短的 590 ～ 625 奈米波長是橙色，接下來分別是黃色（565 奈米）、綠色（500 奈米）、青色（485 奈米）、藍色（450 奈米）和紫色（380 奈米）。紫色是可見光區中能量最高的光線，因此波長相對較短。

不過，如果白光包含所有顏色的可見光，為什麼我們看到的夕陽大多是混合了粉紅色和紅色，有時還帶了點橙色調？

為了回答這個問題，首先要記得波長和能量成反比，這表示波長偏長（大）的光束比波長偏短（小）的光束弱得多。藍色光線的波動比紅色光線的波動明顯更強／更短，因此散射的效率明顯高於紅色光線。

透過以下的譬喻，就能以最簡單的方式來瞭解這個概念。請想像一下，所有不同波動長度的光束都是彈力球，而且我們要把這些彈力球丟向超級老舊的磚頭路。首先，假設你用了很大的力氣把一顆藍球丟向不平整的路面（代表藍光），不出所料，球會反彈回來，但是角度完全不同，而且還帶有一點速度。

現在，讓我們把一顆紅球輕輕拋向凹凸不平的磚頭路（代表紅光）。這一次用的力氣明顯比較少，因為紅光比較弱。和藍色球一樣，紅色球的軌跡會改變，但速度慢了很多。

不過接下來，讓我們想像一下，如果同時把幾百顆紅球和藍球倒在磚頭路上，會發生什麼事。在這個情形下，藍球會比紅球有更多能量，而且會壓過比較弱的紅色軌跡，也就是會把紅球撞飛，而且不斷地彈跳。在人類眼中，我們可以看到的大部分都是到處飛來飛去的藍球，偶爾可以瞥見零零落落的紅球。大白天的時候就是上述的情況——這也是為什麼天空會呈現藍色。

但在日落時分，太陽低於地平線，光束必須經過更長的距離才能接觸到你。與陽光會產生作用的分子明顯更多，並且（意外地）使得天空呈現美麗的橙色和紅色。

實際上的狀況是這樣的：你還記得氧和臭氧會透過破壞自己的鍵來吸收 UVB 和 UVC 光線嗎？但是 UVA 卻可以偷溜走，因為這種光線實在太弱，無法破壞含氧分子中的共價鍵？可見光也是相同的狀況。

紫色和藍色波的能量夠高，所以會因為大氣中的分子而散射，例如氮和氧。分子吸收這些波動之後，又會將能量往太陽的方向（遠離地球表面上的我們）重新散發。橙色和紅

色波則是弱到無法被吸收；因此，紅色、粉紅色和橙色光可以繞過空氣中的分子，讓我們看見令人讚嘆的夕陽。

在空氣中有高濃度汙染物的城市，藍色光線因為散射而遠離地球的表面的程度甚至更誇張，因此大氣中只剩下波長較長的光線（紅色）。基於這個原因，可怕的野火——以及飄在空氣中的灰燼碎屑——通常會伴隨著絕美的夕陽。在某些極端的例子中，例如 2020 年春季的澳洲野火，整片天空完全變成紅色，呈現出一種詭異的末世氛圍，簡直像是電影《瘋狂麥斯》（*Mad Max*）的場景。

不過就連一般日子的夕陽，天空一片晴朗時，也可能形成不可思議的顏色漩渦。當條件正好，光線散射並讓天空染上華麗的紅色和橙色，日落時分就成了詩情畫意的背景，很適合展開美好的約會夜晚。

我希望你知道接下來的話題要往哪去，因為說到夜晚的親密互動，營造完美的氣氛背後可是有很多科學的。首先，讓我們聊聊催情劑。蠟燭、巧克力和生蠔——每個人都各有所好，但是在這種「火花」背後真的有化學可言嗎？又或者催情劑只是人類豐富的想像力捏造出來的產物？

答案可能會讓你很驚訝。首先要澄清的是：這些所謂的性慾觸發因子之所以被稱為催情劑（aphrodisiac），是因為愛神叫做阿芙蘿黛蒂（Aphrodite），而且千萬不要把這些

因子和光譜另一端會澆熄性慾的東西搞混，例如大蒜和體味。這類味道很貼切地被稱為性慾抑制劑（anaphrodisiacs）。

世界各地的催情劑不盡相同，從南瓜種籽（墨西哥）、眼鏡蛇血液（泰國）到螃蟹果昔（哥倫比亞）都有。而在美國最常見的催情劑之一，就是香氛蠟燭。

在我的家鄉密西根，有一間小小的蠟燭專賣店叫做 Kalamazoo Candle Company，有販賣各種很吸引人的香氛蠟燭，例如摩洛哥玫瑰、植物園和我的最愛：檸檬草，這些都可以用來為夜間的有趣階段拉開序幕。而如果你是智性戀的話，蠟燭的科學原理應該會很對你的味。

在製作蠟燭的過程中，會將一段纖維素（棉）裹上熱石蠟（一種碳氫化合物製成的蠟），然後鋪在冰冷的表面上。溫度瞬間變化會使得液態石蠟變成固體，在纖維素形成保護層，這就是燭芯。

如果要製作蠟燭本身，可以採用幾種不同的方式。最常見的做法之一叫做蠟燭壓製（candle pressing）：先用噴灑器將高溫（液態）石蠟垂直噴向冷藏艙室（低於 25°C 或 77°F）的空中。一接觸到空氣，熱蠟會立刻冷卻成冰冷（固體）的蠟滴，然後降落在大型托盤上。這個步驟看起來真的很像巨大工業用機器的正中央刮起了一陣迷你石蠟暴風雪，非常漂亮。

接下來，這些蠟片會被一起壓入模之中，過程中非極性分子與分子鄰近形成分散力，經典的管狀蠟燭就成形了。

如果是製作香氛蠟燭，製造商只要在液體石蠟中加入一些有香氣的分子，例如 4 —羥基— 3 —甲氧基苯甲（香草醛），再把熱蠟噴向冷空氣就行了。不過，由於蠟是由非極性分子組成，我們只能把其他非極性分子溶進石蠟混合物。如果試圖把大量有香氣的極性分子加到非極性混合物裡，在把混合物噴向空氣來形成固體蠟滴之前，兩種分子就會先分離。

幸運的是，用於蠟燭的分子都極為濃郁，因此只需要加入幾滴，就可以讓蠟燭帶有香氣。在充分攪拌下，即使是最具極性的幾滴分子，也能在非極性溶液中分散開來。將燭芯固定在蠟燭上後，我們就可以利用燃燒反應來釋放出任何融化的芳香族分子，然後讓這種催情劑發揮作用。

但老實說，我覺得催情劑和性慾抑制劑背後的科學不太有說服力，因為尚未有決定性的證據顯示，生蠔、石榴或巧克力中的分子對人類的性行為有直接影響——至少我們發現的結果不是如此。相對地，這些食物的催情效果可以說是單純的安慰劑效應，也就是人會傾向相信既存的觀念。

但是，的確有一種催情劑經過證實會對大腦中的化學——以及性——反應造成影響：乙醇。

啤酒、葡萄酒和烈酒確實可以歸類在催情劑，因為乙醇分子會使大腦的化學作用產生變化。如果你和信任的對象同處在安全的空間，乙醇會讓你更容易放下心防，願意接受嶄新的冒險活動……也許是在臥房的那種。

當然，情境還是很重要，而且醇未必總是能帶給你對的心情。例如，當我和同事一起喝個幾杯，並不會突然覺得情緒高漲，不過和我先生一起來幾杯雞尾酒之後……咳，就是完全不同的結局了。

在討論催情劑的時候，你身在的環境（以及你身邊的對象）都很重要。香氛蠟燭未必能讓你情緒高漲，但如果你的伴侶用眼神示意，邀請你一起跳支不穿褲子的雙人舞，那麼你的大腦就可以推敲出其他的資訊。但為什麼呢？這和我們的激素有關。

我在前幾章已經討論過激素，不過這種物質的重要性說再多也不夠。激素是「具有活化功能的分子」，分泌自人類體內幾種不同的腺體。看看先前談過的例子就知道了：TSH（影響甲狀腺的激素）、腎上腺素（導致刺激感爆發的激素）和皮質醇（引發壓力的兩種激素之一）。事實上，人體會分泌超過五十種不同類型的激素，其中大多數都是類固醇（例如皮質醇）或肽（例如 TSH），不過有少數是源自胺基酸，腎上腺素就是一個例子。

就如我們在前幾章討論過的，激素具有各式各樣的物理性質，有些比較可溶於水（血液），有些則比較可溶於脂肪（脂類）。激素可能會影響人的睡眠模式、心情，還有幾種激素會決定你有沒有**興致**，例如睪酮。

發現睪酮的故事一點也不性感：1849 年，德國動物學家阿諾爾德・阿道夫・貝特霍爾德（Arnold Adolph Berthold）在觀察他養的幾隻雞時，注意到閹割過的公雞和一般公雞表現不太一樣。於是，他秉持著科學家精神，決定要對六隻公雞進行實驗。他移除了其中四隻的睪丸，其他兩隻則保持原樣，然後觀察公雞的成長過程。

他注意到那兩隻保持原樣的公雞長大後展現出典型公雞的行為，包括高聲啼叫、性行為以及尺寸正常的肉垂和雞冠。以人類來說，肉垂和雞冠就相當於年輕男性歷經青春期後長出喉結。有趣的是，貝特霍爾德實驗中其他四隻沒有睪丸的公雞卻完全沒有長出酷炫的肉垂和雞冠。

接著他決定要做一件有點……瘋狂的事。他選出兩隻閹雞，然後在牠們的腹部植入睪丸。一段時間之後，兩隻重振雄風的公雞都長出一般公雞的特徵。貝特霍爾德對這樣的結果興奮不已，因為這代表睪丸會分泌某種分子到血液中，促使公雞開始進入青春期。他解剖這些公雞時確認了以上的結論，因為他觀察到植入的睪丸附近有新的血管生成。

儘管當時他還不知道，但貝特霍爾德發現的就是睪酮激素（主要的雄性性激素）。這種大型分子負責促成男性的第二性徵，所以就人類而言，睪酮會導致長出喉結、鬍子、更厚實的肌肉和骨骼以及低沉的聲音。最後，科學家還發現這種激素有助於預防骨質疏鬆。

1902 年，兩名英國生理學家威廉·貝利斯（William Bayliss）和恩斯特·斯塔林（Ernest Starling）進行了更深入的研究，並發現像睪酮這樣的激素是以類似化學訊息傳導物的形式運作；有點像是人體內的郵政服務，負責把化學「訊息」從一處帶往另一處。

很多因素都會觸發激素分泌，其中多數都和環境有關；換句話說，一旦遇到特定的條件或行動，各種腺體就會本能地透過激素釋出「訊號」。在這之中，我個人最喜歡的是催產素，有愛情激素之稱。

催產素是一種大型的肽，分子重量為 1007 g/mol，由八種胺基酸組合而成，而且是以非常特定的順序排列。半胱胺酸是鏈中唯一重複的胺基酸，因此這種肽是九肽──也就是有九個胺基酸的鏈。負責製造和分泌催產素的腺體是腦垂體，位於鼻樑正後方。

有幾種外在觸發因子可能會暗示人體分泌催產素，像是當伴侶緊緊抱住你，或者當伴侶把你們家的小寶寶逗笑。

你的身體在遇到這類正面的人際互動時，會出於本能地讓大腦充滿催產素，讓你覺得自己的內心充滿愛意。不論你是在和戀愛對象互動，還是在照顧小孩，都會有一樣的感受；這種激素不會辨別其中的差異，只會對那些愛的感受產生反應（基本上也可以算是創造出愛的感受）。另外需要澄清一下，這種激素和可以止痛的幸福分子大麻素是完全不同的物種。

這種愛情分子是非常重要的激素，因為催產素也會調節人類性器官的功能，生小孩和性行為都必須仰賴這些功能。我們知道當女性的子宮在生產過程中收縮，或當女性的乳頭在哺乳過程中受到刺激，腦垂體會分泌催產素到血液中。女性這一生體內有最多催產素的時候，就是在生產過程中，催產素濃度比平常高出三百倍。

由於這種激素會對子宮造成影響，含有高濃度催產素的藥物如 Pitocin 或 Syntocinon 可用於幫助女性催產。這種功效是在 1906 年由英國藥理學家亨利・戴爾爵士（Sir Henry Dale）所發現，他從人類腦垂體分離出催產素，並且注射到懷孕母貓的體內——這隻貓立刻就開始生產。後來他把這種分子命名為催產素（oxytocin），字面上的意思是「快速生產」，從此以後這種物質便一直用於生產。

到了 1953 年，美國生物化學家文森特・迪維尼奧

（Vincent du Vigneaud）終於有了突破性的發現，他在實驗室中嘗試合成催產素時，釐清了這種激素的胺基酸結構和排列方式，在這之前沒有人成功合成過。由於這項驚人創舉，他在 1955 年獲得了諾貝爾化學獎。

2003 年，瑞典醫師克絲汀・烏納斯・莫柏格（Kerstin Uvnäs Moberg）出版了《催產素因子》（ *The Oxytocin Factor* ，暫譯），她在書中指出，催產素對人體的影響，正好和戰或逃（fight-or-flight）反應相反。催產素不會讓我們感到厭倦和對陌生人警戒，而是會讓我們感到安全和信任。莫柏格的理論是基於一些針對動物進行的研究，例如老鼠和田鼠（看起來很像可愛的倉鼠）。她發現如果在田鼠靠近目標配偶的時候對田鼠注射催產素，就可以操控田鼠選擇特定的配偶。

以人類來說，大多數的證據都可以佐證催產素會大幅影響人如何與彼此（甚至和動物）產生連結。例如，當我們撫摸狗的時候，科學家可以觀察到催產素濃度明顯上升，尤其是面對動物寶寶的時候，例如可愛的小狗爬到你腿上窩著。想當然，新手媽媽抱著寶寶時，也同樣會出現催產素濃度上升的現象。從化學的角度來看，媽媽的愛多到一湧而出，以致於她體內的催產素飆升到驚人的程度，愛情分子可不是浪得虛名。

研究人員也注意到，當成人對彼此有感情，催產素濃度

　　會快速上升。以女性來說，催產素分子濃度會在前戲的時候開始升高。有證據顯示，通常如果性行為過程比較長，人會覺得與伴侶比較有連結，即使真正的交合還沒開始。從化學的角度看來，這是因為有更多催產素分子從人體內湧出。

　　女性在高潮之後，會馬上迎來第二次的催產素高峰。從生理的角度分析，這是為了讓我們可以與伴侶形成穩固的連結，以應對懷孕的狀況。女性的身體是出於直覺而且無意識地有這樣的行為，目的是協助鞏固兩人之間的連結。

　　相對地，男性不會迎來第二次催產素高峰，而是在各式各樣的性興奮過程中，都會大致呈現催產素升高的狀態，最後在高潮過後恢復穩定。研究人員認為男性沒有第二次催產素高峰，是因為從生理的角度而言，男性沒有與伴侶形成穩固連結的理由，畢竟他們不會懷孕。

　　我最喜歡的愛情激素實驗之一，是以一大群處於一對一關係中的異性戀男性為實驗對象。研究人員會用醫療鼻腔噴霧把催產素噴入這些男性的鼻子，然後再向他們介紹一位極有魅力的陌生女性。研究人員會先請實驗中的男性等待幾分鐘，這是為了讓催產素可以確實與催產素受器形成鍵。（別忘了催產素是大型肽分子，所以需要一點時間才能抵達目標位置，並且與受器結合。）當研究人員確信鍵已經形成，就可以開始實驗了。首先他們一次介紹一位男性給那位美麗的

女性認識，接著觀察雙方所站的位置有多靠近。

　　針對這些處於一對一關係的男性蒐集資料之後，研究人員又找來一群單身男性。他們再次執行催產素鼻腔噴霧的實驗，然後一一讓這些單身男子接受觀測。和先前一樣，研究人員測量了男性和陌生美人之間的物理距離，想知道是否有辦法確認催產素分子對人體的影響。

　　研究人員發現整體而言，比起單身男性，非單身男性與美麗女性之間的距離至少多出了十到十五公分。當然，實驗難免會有離群值，不過這項研究（尤其）顯示出，男性體內的催產素會使得伴侶之間的連結明顯更穩固。所以，下次你老公要去單身派對之前，記得往他鼻子噴一點催產素，再給他一個大大的吻，然後其他的就交給化學吧。

　　如果你和伴侶之間有超強的連結，你們也許會花很多時間在床上。如果是這樣（還有考量到你們的家庭計畫策略），你也許可以好好利用其他幾種激素引起的化學反應，例如左炔諾孕酮。換句話說：避孕藥。

　　左炔諾孕酮是大型分子，嚴格來說是一種類固醇激素，常用於子宮內避孕器（IUD）來避免懷孕。這種激素和睪酮是很相近的分子，而且進入女性體內後，會觸發兩種主要的化學反應。首先，左炔諾孕酮會促進產生一層厚厚的子宮頸黏液，確實把任何想要進入的精子阻擋在子宮之外。第

二，這種激素會導致在子宮內的鍵被破壞，使得子宮內膜脫落且整體厚度降低，如此一來就算不是百分之百避孕，也會讓受孕的卵子難以附著在子宮內膜上成長。如果以上的方法都無效，子宮內避孕器也能以物理方式防止精子接觸到卵巢意外排出的卵子，也就是直接阻擋精子的行進路線，所以才會呈現眾所皆知的 T 字形狀。由於以上這三種因子結合在一起，這種激素型子宮內避孕器的一年內失敗率只有 0.2%。

我們可以比較一下含銅子宮內避孕器，這是一種不使用激素的替代選項。含銅子宮內避孕器的塑膠核心同樣是 T 字形狀，但內部沒有左炔諾孕酮，而是以銅線裹住外部。植入體內之後，這種避孕器會釋出銅陽離子，而銅陽離子會和子宮口的子宮頸黏液形成鍵，並促進產生可殺死精子的分子，來攻擊任何想要進入子宮的精子。

美國最常見的避孕方式是口服避孕藥，原理也是利用激素來避免懷孕。和子宮內避孕器（有效期為三到十二年）不同的是，避孕藥必須每天服用，才能持續為女性的身體提供雌激素和助孕素分子。因此，每二十四小時，每天的同一時間，女性必須服用當天份的激素，才能將血液中的分子濃度維持在相同程度。激素分布在體內之後，避孕藥就可以讓人體誤以為是懷孕狀態，因此在服藥期間會自動停止排卵。

幸好，科學家注意到有工作的成人要在每天同一時間吃

藥有多麼困難，於是他們找出方法調整了每劑量的激素濃度，讓我們有一點點的緩衝時間（三個小時）。考量到人為失誤，避孕藥有效防止懷孕的機率是 91%。相較之下，保險套的成功避孕率只有 82%，因為只是單純用乳膠（另一種可以用苯乙烯製成的聚合物，就像海灘那一章討論過的聚苯乙烯保冷袋）來物理性阻擋精子進入子宮。

不論你採用哪一種方式，避孕都一定會涉及化學，因為分子會在人體內引起各種化學反應。那麼發生在人體之外的化學反應呢？這時候就要談到性費洛蒙了。

費洛蒙是一種非常大的分子，會從動物體內散發出來並影響其他動物身體的行為。這種物質當初是在 1959 年由德國生物化學家阿道夫・布特南特（Adolf Butenandt）發現，這位科學家在二十年前就因為首次合成出性激素而獲得諾貝爾化學獎，說他是化學界的搖滾巨星都還不足以形容他的貢獻。

他的研究發現，費洛蒙的功能和激素一樣，但是只對附近的相同物種個體有效。舉例來說，如果動物 A 在動物 B 附近釋放出性費洛蒙，動物 B 的身體會吸收這些分子，整體行為也會受到影響。這其實代表動物 A 具有像丘比特的能力，只不過用的不是箭，而是分子。

基於以上的原因，費洛蒙有時會被稱為「環境激素」

（eco-hormone），因為這類分子的運作方式就像是體外的激素。和激素相同的是，費洛蒙有各式各樣的結構。有些分子非常小，有些則相當大，不過全都是揮發性分子，這表示分子在特定條件下會輕易蒸發。揮發性物種通常很好辨識，因為會帶有強烈的氣味（像是汽油或去光水）。

　　研究人員決定把這種分子命名為費洛蒙（pheromone），是因為字面上的意思是「轉移興奮感」，而這正是費洛蒙的功能。強大的費洛蒙分子可以傳送幾種不同主題的訊號給附近的同類，例如食物、安全狀況或者性。舉例來說，螞蟻會在巢穴和食物之間的路徑散發費洛蒙，來通知彼此食物來源在哪裡。狗在散步時對消防栓撒尿是為了標示自己的領域，這時釋放的就是領域費洛蒙。就連雄鼠也會散發出性相關的費洛蒙來吸引雌鼠，同時也會導致附近的雄鼠變得更有攻擊性。

　　那麼人類呢？人也會散發出任何一種類型的性費洛蒙嗎？

　　出乎意料的，人類不會散發任何一種形式的性費洛蒙。不過我們自以為有費洛蒙的原因在這裡：1986 年，溫尼弗雷德・卡特勒（Winnifred Cutler）發表的研究宣稱，她成功分離出第一種人類性費洛蒙。在這項研究計畫中，她蒐集、冷凍並解凍來自幾位不同對象的性費洛蒙。一年之

後，她將這些分子塗在許多女性受試者的上唇，接著便宣稱她觀察到和大自然的動物類似的結果。

事實上，卡特勒的研究完全是一派胡言。她根本沒有分離出人類性費洛蒙；而只是把奇怪的氣味塗在隨機受試對象的上唇，其中包括——請做好心理準備——腋下的汗水。與其說是分離出純費洛蒙，不如說她蒐集的是人流汗時排出的電解質，**而且還抹在別人的臉上**。

直到今天，卡特勒的噁心科學研究還流傳在網路上的各個角落，這表示如果有人在 Google 上搜尋「人類性費洛蒙」，就會和得到一堆錯誤資訊。有些研究人員堅信我們總有一天會發現性費洛蒙，不過在這本書出版的當下，科學界尚未找到任何人類性費洛蒙。一直以來有不少相關研究在執行和重複進行，也盡可能針對各種變數進行調整，而所有的研究團隊都得出相同的結論：二十一世紀的人類大概沒有性費洛蒙。

但人類有史以來就是這樣嗎？如果大多數的其他哺乳類都有性費洛蒙，包括兔子和山羊，為什麼我們沒有？

答案其實意外簡單：人類學會了溝通。我們可以用語言（和蠟燭……還有性感內衣……）告訴伴侶我們有興趣滾床單，而雪貂則必須往理想交配對象的方向散發性分子。

在離開臥房之前，我們還有一種激素非談不可：血管加

壓素，一種具有多種功能的大型肽分子，包括調節血壓和平衡腎臟。在人類性反應循環中的性激發／興奮階段，男性的身體會釋放這種激素，並伴隨著勃起反應。高潮之後，血液中的血管加壓素濃度會大幅降低。

血管加壓素也在調節晝夜節律方面扮演重要角色，而因為有這樣的效果，根據理論這種物質可以帶來睡意和放鬆感。我們知道男性在性行為過程中，血管加壓素濃度會升到最高點……也許這可以解釋性交後幾乎是立刻陷入小睡狀態的現象。

不過對女性來說，另一種激素的副作用會差不多在頭腦變清醒的同時出現。褪黑激素是從胺基酸形成的激素，1958年美國化學家（後來轉職為皮膚科醫師）亞倫・勒納（Aaron Lerner）在研究如何治療皮膚疾病的過程中發現了這種物質。在分析牛的腺體時，他意外找到了褪黑激素，與這一節討論過的其他激素比起來，這是一種相對較小的分子。這種分子是由松果腺（位於大腦中央的上視丘）分泌而來，而腺體本身看起來就像一顆松果——所以才稱之為松果腺。

二十年後，哈利・J・林區（Harry J Lynch）在麻省理工學院（M.I.T.）的團隊發現褪黑激素對剛才提到的人類晝夜節律有影響，也得知了這會如何影響人類的睡醒週期。如果你不太熟悉晝夜節律的概念，基本上這就像是人體版本的時

程規劃工具，會負責指揮化學反應該在什麼時候發生在你體內（例如和消化或睡眠相關的化學反應）。例如，你之所以會在下午六點左右肚子餓，在晚上九點左右有睡意，接著在隔天早上七點或八點恢復警覺，主要原因就是晝夜節律。這也是為什麼值夜班（或當新手父母）這麼天殺地困難。

現在，我們這充滿化學的一天要進行最後一項活動了：睡眠。

從化學的角度來說，睡眠是清醒的另一種狀態，在過程中人體會經歷好幾個化學循環。你可能已經知道，我們睡著後會在快速動眼期（REM）和非快速動眼期之間切換。人體歷經這兩種睡眠期交替的一次循環大約是九十分鐘，而且睡覺的時間的越久，快速動眼期的時間就越長。

快速動眼期的睡眠並不如你想像中那麼平靜；在一般的快速動眼期循環中，人的血壓會上升，心跳開始加快，呼吸速率也會提高。更重要的是，人的大腦是處於極為活躍的狀態，而且會產生大量的腦波。在這種狀態下，大腦有點像是在整理每天的郵件，把沒用的記憶（像垃圾郵件一樣）丟掉，並且確實儲存任何重要的回憶（帳單）。以上這些工作全都是透過大腦裡移動的電子來完成。

在此同時，人體肌肉會放鬆到近乎癱瘓的地步，大腦卻充滿大量的乙醯膽鹼分子，說來真是諷刺。為什麼？因為在

你清醒的時候，這種分子負責活化肌肉。然而，當缺乏去甲腎上腺素、血清素或者組織胺的狀態，肌肉反而會保持不動，來把所有的體內能量都送去輔助大腦中的化學反應。

不過，當我們進入更深層的睡眠（發生在快速動眼期睡眠之前或之後），身體會徹底與外界隔絕。GABA 神經傳導物質（就是那種讓人陷入酒醉恍神狀態的物質）在大腦中形成鍵之後，會抑制大腦的整體活動，這就是為什麼比起處於快速動眼期睡眠的人，更難叫醒處於非快速動眼期睡眠的人。不幸的是，受睡眠障礙所苦的人就是會在這個期間說夢話或夢遊。而由於人的大腦活動在非快速動眼期會降到最低，這時候說出來的話多半是胡言亂語。

我先生在我們交往初期就發現我會說夢話，從此以後就一直努力記錄我的深夜連載大作。十之八九，我都是在咕噥著關於食物或餐點的事，不過久久一次，我會為他上一堂毫不連貫的分子和原子課程。

由於我實在是太口齒不清，他一直沒辦法理解我到底在教哪一個主題。也許我是在咕噥著陽光散射而形成的曙暮光，或者催產素和血管加壓素是怎麼在性行為過程中分泌。無論如何，我想我的態度和行動向來都很明確，就連在睡夢中，我也希望這個世界能夠好好欣賞我們日常生活中的化學。

你有聽過兩條魚在河裡游泳的寓言故事嗎？有一條年長的魚遇到這兩條魚，然後說了類似「早安，今天的水怎麼樣啊？」的台詞，接著又游了一陣子之後，其中一條年輕的魚轉頭問另一條魚：「什麼是水？」

我很愛這個小故事，因為這根本就是在比喻大多數人是怎麼理解生活中的化學。事實上，大多數人從高中或大學畢業之後就再也沒接觸過化學，想要證據嗎？在我的學生之中，只有 3% 主修化學。畢業那天他們一走出校園，就會開開心心地對我教過的能量和物質課程說再見，然後忘得一乾二淨。儘管如此，就如我自認有向學生（還有向你）證明過的，化學可以解釋我們身邊所有的現象，同時還有助於我們瞭解現實世界中的各種組成。

化學就是幫助我們止痛和消化食物的化學反應；是用於洗髮產品和派的聚合物；是用來打掃檯面和浴室的多功能清潔劑；甚至也是你剛才吸進／吐出的那一口氣。我們生活中的每一個層面都有化學的痕跡，而只要你觀察得夠仔細，在每一個科學領域和每一個產業，也都可以看到化學的蹤跡——從服飾到美妝，再到玩具和醫藥。

不過，就像美國物理學家卡爾·薩根（Carl Sagan）所說的：「科學是一種思考模式，而不只是一套知識體系。」重點是要勇於問出「為什麼」和「如果」，然後不斷尋找答

案，直到筋疲力竭。我希望這本書能為你帶來啟發，讓你開始批判性思考身邊的環境、不斷自我學習，並且探索周遭微觀（和微宇宙）層次的奇觀。我希望你能找到自己熱愛的領域，就像我對化學一樣，然後跑到屋頂上喊出你的熱情，直到鄰居拜託你閉嘴。

因為當你熱愛一件事到變成「宅」，真心誠意地熱愛，就像在椅子跳上跳下、無法控制自己的那種熱愛，任何事——真的是任何事——都有可能發生。

元素週期表

1A **1**								
1 H 氫 1.008	2A **2**							
3 Li 鋰 6.941	4 Be 鈹 9.012							
11 Na 鈉 22.99	12 Mg 鎂 24.31	3B **3**	4B **4**	5B **5**	6B **6**	7B **7**	8B **8**	8B **9**
19 K 鉀 39.10	20 Ca 鈣 40.08	21 Sc 鈧 44.96	22 Ti 鈦 47.87	23 V 釩 50.94	24 Cr 鉻 52.00	25 Mn 錳 54.94	26 Fe 鐵 55.85	27 Co 鈷 58.93
37 Rb 銣 85.47	38 Sr 鍶 87.62	39 Y 釔 88.91	40 Zr 鋯 91.22	41 Nb 鈮 92.91	42 Mo 鉬 95.94	43 Tc 鎝 (98)	44 Ru 釕 101.07	45 Rh 銠 102.91
55 Cs 銫 132.91	56 Ba 鋇 137.33	57 La 鑭 138.91	72 Hf 鉿 178.49	73 Ta 鉭 180.95	74 W 鎢 183.84	75 Re 錸 186.21	76 Os 鋨 190.23	77 Ir 銥 192.22
87 Fr 鍅 (223)	88 Ra 鐳 (226)	89 Ac 錒 (227)	104 Rf 鑪 (261)	105 Db 釷 (262)	106 Sg 譆 (266)	107 Bh 鈹 (264)	108 Hs 鏢 (277)	109 Mt 鐭 (268)

58 Ce 鈰 140.12	59 Pr 鐠 140.91	60 Nd 釹 144.24	61 Pm 鉕 (145)	62 Sm 釤 150.36	63 Eu 銪 151.96	64 Gd 釓 157.25
90 Th 釷 232.04	91 Pa 鏷 231.04	92 U 鈾 238.03	93 Np 錼 (237)	94 Pu 鈽 (244)	95 Am 鋂 (243)	96 Cm 鋦 (247)

								8A
								18
								2 He 氦 4.003
			3A **13**	4A **4**	5A **15**	6A **16**	7A **17**	
			5 B 硼 10.81	6 C 碳 12.01	7 N 氮 14.01	8 O 氧 16.00	9 F 氟 19.00	10 Ne 氖 20.18
B **11**	1B **11**	2B **12**	13 Al 鋁 26.98	14 Si 矽 28.09	15 P 磷 30.97	16 S 硫 32.07	17 Cl 氯 35.45	18 Ar 氬 39.95
28 Ni 鎳 58.69	29 Cu 銅 63.55	30 Zn 鋅 65.38	31 Ga 鎵 69.72	32 Ge 鍺 72.64	33 As 砷 74.92	34 Se 硒 78.96	35 Br 溴 79.90	36 Kr 氪 83.80
46 Pd 鈀 106.42	47 Ag 銀 107.87	48 Cd 鎘 112.41	49 In 銦 114.82	50 Sn 錫 118.71	51 Sb 銻 121.76	52 Te 碲 127.60	53 I 碘 126.90	54 Xe 氙 131.29
78 Pt 鉑 195.08	79 Au 金 196.97	80 Hg 汞 200.59	81 Tl 鉈 204.38	82 Pb 鉛 207.20	83 Bi 鉍 208.98	84 Po 釙 (209)	85 At 砈 (210)	86 Rn 氡 (222)
10 Ds 鐽 (281)	111 Rg 錀 (281)	112 Cn 鎶 (285)	113 Nh 鉨 (286)	114 Fl 鈇 (289)	115 Mc 鏌 (289)	116 Lv 鉝 (293)	117 Ts 础 (293)	118 Og 鿫 (294)

| 65 Tb
鋱
158.93 | 66 Dy
鏑
162.50 | 67 Ho
鈥
164.93 | 68 Er
鉺
167.26 | 69 Tm
銩
168.93 | 70 Yb
鐿
173.04 | 71 Lu
鎦
174.97 |
| 97 Bk
鉳
(247) | 98 Cf
鉲
(251) | 99 Es
鑀
(252) | 100 Fm
鐨
(257) | 101 Md
鍆
(258) | 102 No
鍩
(259) | 103 Lr
鐒
(262) |

謝辭

　　我一定要先向美國太空總署（NASA）首位黑人女性工程師瑪麗‧傑克遜（Mary Jackson）表達謝意。每當我自我懷疑的時候，我都會想起你的故事，尤其是你的堅韌和決心，還有你是怎麼堅決不放棄夢想。感謝你成為理工領域的女性先驅和最佳榜樣，此時此刻我在這裡向你發誓，我會盡自己一切所能，讓科學可以變得對下一代的小女生來說再更容易一點，就像你為我做得那樣。

　　致我的好夥伴和經紀人格倫‧施瓦茨（Glenn Schwartz），感謝你在 2018 年一月聯絡我。我到現在還是不知道為什麼，你的電子郵件竟然讓我決定要接受你的提案，但我真的很慶幸自己做了這個決定。你讓我的人生變成我從未想過可能成真的樣貌，「感謝你」完全不足以表達我的謝意。

　　我想要感謝 Park Row 和 HarperCollins 的整個團隊，有你們的幫助，我才能讓化學變得容易親近（而且好玩）！特別感謝我優秀的編輯愛瑞卡‧因蘭尼（Erika Imranyi），在

過程中牽著我的手踏出每一步。愛瑞卡，謝謝你這麼有耐心又體貼，並且督促我以最好的文筆寫出這本書。我從你身上學到好多，特別謝謝你在過程中教導我關於標點符號的「一點」知識。還有布蘭迪・包爾斯（Brandi Bowles）和梅根・史帝文森（Meghan Stevenson），謝謝你們讀了這本書一份又一份又一份的草稿。我深深感謝你們貢獻的每一次編輯、建議和批評──實在太謝謝你們確保這本書最後沒有看起來像實驗室報告！

致我的《龍與地下城》（DnD）小隊成員（喬登・克伯曼（Jordan Corbman）、漢娜・羅伯斯（Hannah Robus）、歐林・羅伯斯（Olin Robus）、達斯汀・梅爾斯（Dustin Myers）和喬許・比貝多夫），謝謝你們讓我保持清醒，還配合我瘋狂的時程表。我們的每週遊戲聚會真是讓彬娜汀・露莫汀・維渥琪・歐達・奧拉・卡拉蜜・莫尼格・芬尼普（Bimpnottin Loopmottin Waywocket Oda Orla Caramip Murnig Fnipper）玩得不亦樂乎。

如果沒有下列這些人的愛與支持，這本書不可能問世：克雷格（Craig）和泰瑞沙・克勞福德（Teresa Crawford）、傑克（Jack）和朵特・克勞福德（Dort Crawford）、布蘭登（Brendan）和丹尼・休斯（Daney Hughes）、布蘭妮・克勞福德（Brittany Crawford）和蘭登・漢米爾頓（Landon

Hamilton）、凱蒂（Katie）和貝琪・休斯（Becky Hughes）、
凱特琳・錢伯（Caitlin Chamber）、切爾西・霍德（Chelsea
Hoard）、凱爾西・茂爾（Kelsea Maul）、凱西（Kathy）和斯
莫茲（Smoz）、金（Kim）和艾佛斯・伯格（Ivars Berg）、
the Scroats、凱莉・帕斯洛可（Kelli Palsrok）、凱瑟琳・諾塔
（Kathleen Nolta）、文森・佩可拉羅（Vincent Pecoraro）、約
翰・沃爾夫（John Wolfe）、亞倫・考利（Alan Cowley）、西
蒙・韓福瑞（Simon Humphrey）、大衛・凡登・鮑特（David
Vanden Bout）、保羅・麥寇德（Paul McCord）、史黛西・史
巴克（Stacy Spark）、珍妮・布羅德貝特（Jenny Brodbelt）、
珍・穆恩（Jen Moon），以及貝蒂（Betty）和朵特（Dort）。

最後，獻給我的靠山喬許・比貝多夫，謝謝你毫無條件
的愛與支持；謝謝你在我忙於這本書的時候，每天為我煮晚
餐和送餐；謝謝你幫我按摩背、對我拋媚眼，還有每天逗我
笑。還有更重要的是，謝謝你在我特別辛苦的時候為我打
氣。你是我在這個星球上最愛的人，我已經等不及要看看我
們的下一章寫了什麼。親一個。

參考書目

Alberts, Bruce, Alexander Johnson, Julian Lewis, Martin Raff, Keith Roberts, and Peter Walter. *Molecular Biology of the Cell.* New York: Garland Science, 2002.

Atkins, Peter, and Loretta Jones. *Chemical Principles.* New York: W. H. Freeman and Company, 2005.

The American Chemical Society. *Flavor Chemistry of Wine and Other Alcoholic Beverages.* Portland: ACS Symposium Series eBooks, 2012. PDF e-book.

The American Chemical Society. *Chemistry in Context.* New York: McGraw-Hill Education, 2018.

The American Chemical Society. *Flavor Chemistry of Wine and Other Alcoholic Beverages.* United Kingdom: OUP USA, 2012.

Aust, Louise B. *Cosmetic Claims Substantiation.* New York: Marcel Dekker, 1998.

Barel, André, Marc Paye, and Howard I. Maibach, ed. *Handbook of Cosmetic Science and Technology.* Boca Raton: Taylor & Francis Group, 2010.

Barth, Roger. *The Chemistry of Beer.* Hoboken: John Wiley & Sons, Inc., 2013.

Belitz, Hans-Dieter, Werner Grosch, and Peter Schieberle. *Food Chemistry.* Berlin Heidelberg: Springer-Verlag, 2009.

Beranbaum, Rose Levy. *The Pie and Pastry Bible.* New York: Scribner, 1998.

Black, Roderick E., Fred J. Hurley, and Donald C Havery. "Occurrence of 1,4-dioxane in cosmetic raw materials and finished cosmetic products." *Journal of AOAC International 84,* no. 3 (May 2001): 666–670.

Bouillon, Claude, and John Wilkinson. *The Science of Hair Care.* Abingdon: Taylor & Francis, 2005.

Boyle, Robert. *The Sceptical Chymist.* London: J. Cadwell, 1661.

Crabtree, Robert H. *The Organometallic Chemistry of the Transition Metals.* Hoboken: Wiley-Interscience, 2005.

The Editors of Cook's Illustrated. *The New Best Recipe.* Brookline: America's Test Kitchen, 2004.

E ˇge, Seyhan. *Organic Chemistry.* Boston: Houghton Mifflin

Company, 2004.

Feyrer, James, Dimitra Politi, and David N. Weil. "The Cognitive Effects of Micronutrient Deficiency: Evidence from Salt Iodization in the United States." *Journal of the European Economic Association 15,* no. 2 (April 2017): 355–387.

"Foundations of Polymer Science: Wallace Carothers and the Development of Nylon." American Chemical Society National Historic Chemical Landmarks. American Chemical Society. Accessed March 12, 2020. http://www.acs.org/content/acs/en/education/whatischemistry/landmarks/carotherspolymers.html.

Fromer, Leonard. "Prevention of anaphylaxis: the role of the epinephrine auto-injector." *The American Journal of Medicine 129,* no. 12 (August 2016): 1244–1250.

Fuss, Johannes, Jörg Steinle, Laura Bindila, Matthias K. Auer, Hartmut Kirchherr, Beat Lutz, and Peter Gass. "A runner's high depends on cannabinoid receptors in mice." *PNAS 112,* no. 42 (October 2015): 13105–13108.

"Gchem." McCord, Paul, David Vanden Bout, and Cynthia LaBrake. The University of Texas. Accessed December 20, 2019. https://gchem.cm.utexas.edu/.

Goodfellow S.J., and W.L. Brown. "Fate of Salmonella Inoculated into Beef for Cooking." *Journal of Food Protection 41,* no. 8

(August 1978): 598–605.

Green, John, and Hank Green. Vlogbrothers' YouTube page. Accessed May 15, 2020. https://youtu.be/rMweXVWB918?t=75.

Guinn, Denise. *Essentials of General, Organic, and Biochemistry.* New York: W. H. Freeman and Company, 2014.

Halliday, David, Robert Resnick, and Jearl Walker. *Fundamentals of Physics.* Hoboken: John Wiley & Sons, Inc., 2014.

Hammack, Bill, and Don DeCoste. *Michael Faraday's The Chemical History of a Candle with Guides to the Lectures, Teaching Guides & Student Activities.* United States: Articulate Noise Books, 2016.

Higginbotham, Victoria. "Copper Intrauterine Device (IUD)." *Embryo Project Encyclopedia* (July 2018): 1940–5030.

Hodson, Greg, Eric Wilkes, Sara Azevedo, and Tony Battaglene. "Methanol in wine." *40th BIO Web of Conferences 9,* no. 02028 (January 2017): 1–5.

Horton, H. Robert, Laurence A. Moran, Raymond S. Ochs, J. David Rawn, and K. Gray Scrimgeour. *Principles of Biochemistry.* Upper Saddle River: Prentice Hall, Inc., 2002.

Housecroft, Catherine E., and Alan G. Sharpe. *Inorganic Chemistry.* Harlow: Pearson, 2018.

"How Big Is a Mole? (Not the animal, the other one.)" Daniel Dulek. TED Talk. Accessed August 3, 2019. https://www.ted.com/talks/daniel_dulek_how_big_is_a_mole_not_the_animal_the_other_one/transcript?language=en.

Iizuka, Hajime. "Epidermal turnover time." *Journal of Dermatological Science 8,* no. 3 (December 1993): 215–217. https://linkinghub.elsevier.com/retrieve/pii/0923181194900574.

Karaman, Rafik. *Commonly Used Drugs: Uses, Side Effects, Bioavailability and Approaches to Improve It.* United States: Nova Science Incorporated, 2015.

King Arthur Flour. *The All-Purpose Baking Cookbook.* New York: The Countryman Press, 2003.

Koltzenburg, Sebastian, Michael Maskos, and Oskar Nuyken. *Polymer Chemistry.* Berlin Heidelberg: Springer-Verlag, 2017.

Lynch, Harry J., Richard J. Wurtman, Michael A. Moskowitz, Michael C. Archer, and M.H. Ho. "Daily rhythm in human urinary melatonin." *Science 187,* no. 4172 (January 1975): 169–171.

"Making sense of our senses." Maxmen, Amy. Science. Accessed February 2020. https://www.sciencemag.org/features/2013/11/making-sense-our-senses.

Marks, Lara. *Sexual Chemistry.* New Haven, London: Yale University Press, 2010.

McGee, Harold. *On Food and Cooking.* New York: Scribner, 2004.

Moberg, Kerstin Uvnäs. *The Oxytocin Factor.* London: Pinter & Martin, 2011.

Nehlig, Astrid, Jean-Luc Daval, and Gerard Debry. "Caffeine and the central nervous system: mechanisms of action, biochemical, metabolic and psychostimulant effects." *Brain Research Reviews* *17,* no. 2 (May 1992): 139–170.

Norman, Anthony W., and Gerald Litwack. *Hormones.* San Diego, California: Academic Press, 1997.

"Nylon: A Revolution in Textiles." Audra J. Wolfe. Science History Institute. Accessed March 14, 2020. http://sciencehistory. org/distillations/magazine/nylon-a-revolution-in-textiles.

O'Lenick, Anthony J., and Thomas G. O'Lenick. *Organic Chemistry for Cosmetic Chemists.* Carol Stream: Allured Publishing, 2008.

Oxtoby, David W., H.P. Gillis, and Alan Campion. *Principles of Modern Chemistry.* Belmont: Brooks/Cole, 2012.

"Parabens in Cosmetics." U.S. Food & Drug Administration. Accessed September 14, 2019. https://www.fda.gov/cosmetics/ cosmetic-ingredients/parabens-cosmetics.

Partington, James Riddick. *A Short History of Chemistry.* New

York: Dover Publications, 1989.

"Periodic Table of Elements." International Union of Pure and Applied Chemistry. Accessed October 20, 2019. https://iupac.org/what-we-do/periodic-table-of-elements/.

"Pheromones Discovered in Humans." Boyce Rensberger. Athena Institute. Accessed March 3, 2020. http://athenainstitute.com/mediaarticles/washpost.html.

Richards, Ellen H. *The Chemistry of Cooking and Cleaning.* Boston: Estes & Lauriat, 1882.

Roach, Mary. Bonk: *The Curious Coupling of Science and Sex.* New York, London: W. W. Norton & Company, 2008.

Robbins, Clarence R. *Chemical and Physical Behavior of Human Hair.* New York: Springer Science+Business Media, LLC, 1994.

Sakamoto, Kazutami, Robert Y. Lochhead, Howard I. Maibach, and Yuji Yamashita. *Cosmetic Science and Technology.* Amsterdam: Elsevier Inc., 2017.

Scheele, Dirk, Nadine Striepens, Onur Güntürkün, Sandra Deutschländer, Wolfgang Maier, Keith M. Kendrick, and René Hurlemann. "Oxytocin modulates social distance between males and females." *Journal of Neuroscience 32,* no. 46 (November 2012): 16074–16079.

Scheer, Roddy, and Doug Moss. "Should People Be Concerned about Parabens in Beauty Products?" Scientific American, October 2014, https://www.scientificamerican.com/article/should-people-be-concerned-about-parabens-in-beauty-products/.

Simons, Keith J., and F. Estelle R. Simons. "Epinephrine and its use in anaphylaxis: current issues." *Current Opinion in Allergy and Clinical Immunology 10,* no. 4 (August 2010): 354–361.

Smith, K.R., and Diane Thiboutot. "Sebaceous gland lipids: friend or foe?" *Journal of Lipid Research 4* (November 2007): 271–281.

Spellman, Frank R. *The Handbook of Meteorology.* Plymouth: Scarecrow Press, Inc., 2013.

Spriet, Lawrence L. "New Insights into the Interaction of Carbohydrate and Fat Metabolism During Exercise." *Sports Medicine 44,* no. 1 (May 2014): 87–96.

Society of Dairy Technology. *Cleaning-in-Place: Dairy, Food and Beverage Operations.* Oxford: Blackwell Publishing, 2008.

Srinivasan, Shraddha, Kriti Kumari Dubey, Rekha Singhal. "Influence of food commodities on hangover based on alcohol dehydrogenase and aldehyde dehydrogenase activities." *Current Research in Food Science 1* (November 2019): 8–16.

"Sunscreens and Photoprotection." Gabros, Sarah, Trevor A. Nessel, and Patrick M. Zito. StatPearls Publishing. Accessed

January 15, 2020. https://www.ncbi.nlm.nih.gov/books/NBK537164/.

Tamminen, Terry. *The Ultimate Guide to Pool Maintenance.* New York: McGraw-Hill Education, 2007.

The Royal Society of Chemistry. *Coffee.* Croydon: CPI Group (UK), 2019.

"This 16-year-old football player lifted a car to save his trapped neighbor." Ebrahimji, Alisha. CNN. Accessed January 19, 2020. http://cnn.com/2019/09/26/us/teen-saves-neighbor-car-trnd/index.html.

Toedt, John, Darrell Koza, and Kathleen Van Cleef-Toedt. *Chemical Composition of Everyday Products.* Westport: Greenwood Press, 2005.

Tosti, Antonella, and Bianca Maria Piraccini. *Diagnosis and Treatment of Hair Disorders.* Abingdon: Taylor & Francis, 2006.

Tro, Nivaldo J. *Chemistry.* Boston: Pearson, 2017.

Waterhouse, Andrew Leo, Gavin L. Sacks, and David W. Jeffery. *Understanding Wine Chemistry.* Chichester: John Wiley & Sons, Inc., 2016.

Wermuth, Camille Georges, David Aldous, Pierre Raboisson, Didier Rognan, ed. *The Practice of Medicinal Chemistry.* London,

England: Academic Press, 2015.

Young, David, John D. Cutnell, Kenneth W. Johnson and Shane Stadler. *Physics.* Hoboken: John Wiley & Sons, Inc., 2015.

"Your Guide to Physical Activity and Your Heart." National Institutes of Health, National Heart, Lung, and Blood Institute. Accessed March 23, 2020. http://nhlbi.nih.gov/files/docs/public/heart/phy_activ.pdf.

Zakhari, Samir. "Overview: How is Alcohol Metabolized by the Body?" *Alcohol Research & Health 29,* no. 4 (2006): 245–254.

Zumdahl, Steven S. *Chemical Principles.* Belmont: Brooks/Cole, 2009.

Zumdahl, Steven S., Susan A. Zumdahl, and Donald J. DeCoste. *Chemistry.* Boston: Cengage Learning, 2018.

詞彙表

酸（Acid）：酸鹼值低於 7 的分子

需氧（Aerobic）：需要氧才能產生的作用

醇（Alcohol）：含有氧氣－氫共價鍵的分子（通常是碳氫化合物）

胺基酸（Amino acids）：只含有人類維持生命所需的碳、氫、氮和氧原子的分子

厭氧（Anaerobic）：不需要氧產生的過程

陰離子（Anion）：帶有負電荷的原子

芳香族（Aromatic）：自然帶有香氣的分子

原子（Atom）：物質的基本組成要素（包含質子、中子和電子）

原子量（Atomic mass）：單一原子中質子和中子重量平均數的加總

原子序（Atomic number）：單一原子中質子的數量

鹼（Base）：酸鹼值大於 7 的分子

鍵（Bond）：兩個原子之間的化學作用（通常是以共用或轉移電子的形式發生）

碳水化合物（Carbohydrates）：食物中的糖和澱粉分子

催化劑（Catalyst）：提供另一種化學反應途徑的分子（而且通常會提升反應速率）

陽離子（Cation）：帶有正電荷的原子

順式（Cis）：兩個官能基都位在分子同一側的位向

共價鍵（Covalent bond）：兩個原子共用電子時產生的作用

密度（Density）：物質在特定體積中所佔的相對質量

偶極－偶極力（Dipole-dipole）：兩個極性分子之間產生的分子間作用力

分散力（Dispersion forces）：兩個非極性分子之間產生的分子間作用力

電解質（Electrolytes）：離子類（亦即鹽）

電磁輻射（Electromagnetic radiation）：以無線電、微波、紅外線、可見光、紫外線、X 光和伽瑪射線的形式在空間中傳遞的電磁波

電子（Electron）：位於原子核外的帶負電粒子

電負度（Electronegativity）：用於衡量一個原子的電子受到另一個原子的核吸引的程度

元素（Element）：由質子數量（以及物理／化學性質）相同的原子所組成的集合體

吸熱（Endothermic）：吸收能量的過程（溫度降低）

酶（Enzymes）：自然產生的分子，可以作為催化劑引發化學反應（通常在人體內）

放熱（Exothermic）：釋放能量的過程（溫度上升）

脂肪酸（Fatty acids）：有一個非極性端（碳氫化合物）和一個極性端（羧基）的長分子

官能基（Functional groups）：會大幅影響整個分子化學反應性的分子部分

葡萄糖（Glucose）：分子式為 $C_6H_{12}O_6$ 的單醣（糖）

激素（Hormone）：在人體內將「訊息」從一處傳遞至另一處的分子

碳氫化合物（Hydrocarbon）：只含有氫和碳原子的分子

氫鍵（Hydrogen bonding）：各含有氫與氮、氧或氟原子的共價鍵的兩個分子之間的分子間作用力

疏水（Hydrophobic）：與水互斥的非極性分子

分子間作用力（Intermolecular forces，IMFs）：分子之間的吸引能力

分子內作用力（Intramolecular forces）：分子內部的吸引能力（通常是原子之間的鍵）

離子（Ion）：帶電的原子（可以是正電或負電）

離子鍵（Ionic bond）：一個原子將電子轉移至另一個原子的作用

同位素（Isotopes）：兩個以上的元素有數量相同的質子，但中子數量不同

宏觀（Macroscopic）：（在沒有特殊儀器的情況下）可以經由人眼觀察的事物

質量數（Mass number）：單一原子中的質子和中子數量

微觀（Microscopic）：（在沒有特殊儀器的情況下）無法經由人眼觀察的事物

分子（Molecule）：含有兩個以上原子的物質

中子（Neutron）：位於原子核的電中性粒子

非極性（Nonpolar）：分子（或鍵）的電子分佈均勻

核（Nucleus）：原子的中心（含有質子和中子）

肽（Peptide）：由兩個以上的胺基酸組成的分子

極性（Polar）：分子（或鍵）的電子分佈不均勻

聚合物（Polymer）：由重複單體組成的大分子

多肽（Polypeptides）：食物中的蛋白質分子

質子（Proton）：位於原子核的帶正電粒子

熱能（Thermal 能量）：以熱的形式產生的動能

反式（Trans）：兩個官能基位在分子不同側的位向

三酸甘油酯（Triglycerides）：食物中的脂肪和油類分子

價電子（Valence electron）：位於原子外層的電子

汽化（Evaporation）：液體變為氣體的相變

國家圖書館出版品預行編目(CIP)資料

完美歐姆蛋的化學：從手沖咖啡到深蹲，生活中無處不在
的化學反應/凱特.比貝多夫 (Kate Biberdorf) 著；廖亭雲譯.
-- 初版. -- 臺北市：日出出版：大雁文化事業股份有限公
司發行, 2022.12
　　面；14.8*20.9 公分
譯自：It's elemental : the hidden chemistry in everything
ISBN 978-626-7044-90-2(平裝)

1.CST: 化學 2.CST: 化學反應 3.CST: 通俗作品

340　　　　　　　　　　　　　　　　111018463

完美歐姆蛋的化學

從手沖咖啡到深蹲，生活中無處不在的化學反應

IT'S ELEMENTAL: THE HIDDEN CHEMISTRY IN EVERYTHING by KATE BIBERDORF
Copyright: © 2021 by KATE BIBERDORF
This edition arranged with Harlequin Books S.A.
through BIG APPLE AGENCY, INC., LABUAN, MALAYSIA.
Traditional Chinese edition copyright:
2022 Sunrise Press, a division of AND Publishing Ltd.
All rights reserved.

作　　者 凱特・比貝多夫 Kate Biberdorf
譯　　者 廖亭雲
責任編輯 李明瑾
封面設計 Dinner Illustration
內頁排版 陳佩君
發 行 人 蘇拾平
總 編 輯 蘇拾平
副總編輯 王辰元
資深主編 夏于翔
主　　編 李明瑾
業　　務 王綬晨、邱紹溢
行　　銷 曾曉玲
出　　版 日出出版
　　　　　地址：台北市復興北路 333 號 11 樓之 4
　　　　　電話（02）27182001　傳真：（02）27181258
發　　行 大雁文化事業股份有限公司
　　　　　地址：台北市復興北路 333 號 11 樓之 4
　　　　　電話（02）27182001　傳真：（02）27181258
　　　　　讀者服務信箱 E-mail:andbooks@andbooks.com.tw
　　　　　劃撥帳號：19983379 戶名：大雁文化事業股份有限公司
初版一刷 2022 年 12 月
定　　價 520 元
版權所有・翻印必究
ISBN 978-626-7044-90-2

Printed in Taiwan・All Rights Reserved
本書如遇缺頁、購買時即破損等瑕疵，請寄回本社更換